工科系学生のための
光・レーザ工学入門

博士(工学) 中野 人志 著

コロナ社

まえがき

　レーザはトランジスタと並び20世紀最大の発明の一つとして位置づけられている。今日までの性能向上に関する継続的な技術開発により，レーザは，CD，DVD，ディスプレイなどの家電製品，バーコードリーダなどの情報処理，インターネットなどの光通信，レーザメス，眼科治療などの医療，そしてレーザ切断，溶接など，産業界のさまざまな分野において応用されるに至った。レーザはわれわれの生活に身近な「ツール」としての地位を確立しており，さらにその優れた性能を十分に引き出して応用範囲を広めるための研究が各所で精力的に行われている。

　本書は，工科系の学部・学科で学ぶ学生を対象とした光・レーザに関わる入門書である。工科系の技術者は，近年の光・レーザ・エレクトロニクス・メカニクスの融合によって開発された各種機器類の本質的な動作原理や適用範囲などについて理解を深める必要がある。レーザ動作における物質内部の原子・分子のミクロな運動は量子力学によって理解できるが，外部に取り出されるのは古典的なマクロな量の光（電磁波）である。本書は量子力学による説明を避け，レーザをツールとして活用するための必要最低限の項目に絞って記述されている。光・レーザを用いた最先端技術に接する際の予備知識との位置づけでもあり，読者の興味に応じて積極的に関連の文献などでさらに勉学に励む姿勢を望んでいる。

　また，演習問題の解答はコロナ社のWebページ[†]にあるので是非活用していただきたい。

　本書の執筆に際し，多数の関連文献，既存のテキストなどを参照した。また，近畿大学理工学部の吉田　実教授には有益なコメントを多数いただき，図表の作成，編集には田中美憂氏に多大なる協力を得た。ここに感謝を申し上げる。

2016年8月

中野　人志

[†] http://www.coronasha.co.jp/np/isbn/9784339008890/

目　　　　次

第1章　光の基本的性質

1-1　波動としての光の性質 …………………………………………………… 1
　　1-1-1　光の直進 ……………………………………………………………… 3
　　1-1-2　光の反射・屈折 ……………………………………………………… 4
　　1-1-3　全反射 ………………………………………………………………… 6
　　1-1-4　干渉・回折 …………………………………………………………… 7
　　1-1-5　ヤングの実験 ………………………………………………………… 9
　　1-1-6　偏光 …………………………………………………………………… 11
　　1-1-7　散乱 …………………………………………………………………… 16
1-2　粒子としての光の性質 …………………………………………………… 18
　　1-2-1　黒体放射のスペクトル ……………………………………………… 19
　　1-2-2　光電効果 ……………………………………………………………… 22
　　1-2-3　物質波 ………………………………………………………………… 23
　　1-2-4　コンプトン効果 ……………………………………………………… 24
　　1-2-5　不確定性原理 ………………………………………………………… 25
1-3　光と電子の相互作用 ……………………………………………………… 27
　　1-3-1　エネルギー準位 ……………………………………………………… 30
　　1-3-2　光の吸収と放出 ……………………………………………………… 31
演習問題 ………………………………………………………………………… 33

第2章　光源

2-1　熱放射 ……………………………………………………………………… 34
　　2-1-1　白熱電球 ……………………………………………………………… 34

  2-1-2 太　陽　光 ………………………………………………………… 35
2-2 電子の準位間遷移による光放射 ………………………………………… 36
  2-2-1 放電管からの発光 ………………………………………………… 36
  2-2-2 発光ダイオード …………………………………………………… 40
演 習 問 題 ………………………………………………………………………… 49

第3章　レ　　　ー　　　ザ

3-1 レーザ開発の歴史 ………………………………………………………… 50
3-2 レーザの基本的性質 ……………………………………………………… 53
  3-2-1 指　向　性 ………………………………………………………… 53
  3-2-2 単　色　性 ………………………………………………………… 54
  3-2-3 可 干 渉 性 ………………………………………………………… 55
3-3 レーザの原理 ……………………………………………………………… 57
  3-3-1 自然放出と誘導放出 ……………………………………………… 58
  3-3-2 反 転 分 布 ………………………………………………………… 61
  3-3-3 光増幅器の利得 …………………………………………………… 64
  3-3-4 利 得 飽 和 ………………………………………………………… 66
  3-3-5 レーザ発振と光共振器 …………………………………………… 67
  3-3-6 光共振器と縦モード ……………………………………………… 69
  3-3-7 レーザの発振条件 ………………………………………………… 71
  3-3-8 光共振器から出力されたレーザ光の性質 ……………………… 72
  3-3-9 光共振器と横モード ……………………………………………… 73
  3-3-10 球面ミラーによる光共振器 …………………………………… 75
  3-3-11 ガウスビームの伝搬 …………………………………………… 75
3-4 レーザの基本構成 ………………………………………………………… 78
3-5 レーザ媒質の励起方法 …………………………………………………… 79
  3-5-1 放 電 励 起 ………………………………………………………… 79
  3-5-2 光　励　起 ………………………………………………………… 80
  3-5-3 電流による励起 …………………………………………………… 81

演 習 問 題 ………………………………………………………… 81

第4章 レーザ光の特性評価

4-1 連続発振とパルス発振 ………………………………………… 83
4-2 レーザの特性評価 ……………………………………………… 84
   4-2-1 レーザ出力（パワー，エネルギー）の評価 ……………… 84
   4-2-2 パルスレーザにおける平均パワー …………………………… 85
   4-2-3 パルスレーザにおけるピークパワー ………………………… 86
   4-2-4 パワー密度 …………………………………………………… 87
   4-2-5 レーザ出力の測定方法 ……………………………………… 88
   4-2-6 レーザの集光特性評価 ……………………………………… 89
   4-2-7 レーザ集光径の測定方法とビーム品質の評価 …………… 91
演 習 問 題 ………………………………………………………… 92

第5章 各種レーザ

5-1 気 体 レ ー ザ …………………………………………………… 94
   5-1-1 He-Ne レーザ ………………………………………………… 95
   5-1-2 Ar^+ レーザ …………………………………………………… 96
   5-1-3 CO_2 レーザ ………………………………………………… 97
   5-1-4 エキシマレーザ ……………………………………………… 98
5-2 固 体 レ ー ザ …………………………………………………… 99
   5-2-1 Nd:YAG レーザ ……………………………………………… 100
   5-2-2 Nd:Glass レーザ ……………………………………………… 101
   5-2-3 Ti:Sapphire レーザ …………………………………………… 103
   5-2-4 Cr:Sapphire（ルビー）レーザ ……………………………… 104
5-3 液 体 レ ー ザ …………………………………………………… 105
   5-3-1 色素レーザの構成例 ………………………………………… 105
   5-3-2 色素レーザ …………………………………………………… 106

- 5-4 半導体レーザ······108
  - 5-4-1 半導体レーザの基本構造······108
  - 5-4-2 代表的な半導体レーザ······110
- 5-5 ファイバレーザ······110
  - 5-5-1 光ファイバ······111
  - 5-5-2 ファイバレーザの特長······113
- 5-6 X線レーザ······114
  - 5-6-1 X線······114
  - 5-6-2 X線レーザの構成······115
- 5-7 自由電子レーザ······116
  - 5-7-1 制動放射······116
  - 5-7-2 自由電子レーザの構成······117
- 演習問題······118

第6章 レーザ制御

- 6-1 光共振器内部でのレーザ制御······120
  - 6-1-1 Qスイッチング······121
  - 6-1-2 モード同期······127
  - 6-1-3 パルス幅の可変······129
- 6-2 光共振器外部でのレーザ制御······130
  - 6-2-1 レーザ光の進路変更······130
  - 6-2-2 レーザ光の集光······131
  - 6-2-3 レーザ光の結像······132
  - 6-2-4 アラインメント······134
  - 6-2-5 レーザ光の空間フィルタリング······135
  - 6-2-6 レーザ光の偏光制御······136
  - 6-2-7 レーザ光のパワー制御······138
  - 6-2-8 レーザ光の高調波変換······139
  - 6-2-9 チャープパルス増幅······142

演習問題……………………………………………………………………143

第7章　レーザの応用

7-1　光ディスクによる情報の再生・記録……………………………144
7-2　レ　ー　ザ　計　測………………………………………………145
　　7-2-1　指向性の利用……………………………………………145
　　7-2-2　可干渉性の利用……………………………………………147
7-3　光　　通　　信……………………………………………………149
　　7-3-1　伝　送　損　失……………………………………………149
　　7-3-2　高速・大容量光通信………………………………………150
7-4　照　　　　　明……………………………………………………151
7-5　レ　ー　ザ　加　工………………………………………………152
　　7-5-1　レーザ加工の基本的な考え方……………………………153
　　7-5-2　レーザ熱加工………………………………………………155
　　7-5-3　レーザアブレーション……………………………………157
7-6　レーザ核融合………………………………………………………159
演　習　問　題…………………………………………………………160

引用・参考文献……………………………………………………………162
索　　　　　引……………………………………………………………163

第1章

光の基本的性質

　「光」といえば，多くの人はわれわれの生活に身近な「電球」「蛍光灯」などの照明器具を思い浮かべるようである．太陽光，テレビから出る光，夜空を彩る花火の光，焚き火の光など，われわれは光に囲まれて日常生活を送っている．光は，原子や分子から放たれた電磁波であり，テレビ・ラジオ放送や携帯電話の電波と本質的には同じ波動である．また，光は，光子と呼ばれる粒子をエネルギーの基本単位とした，粒子としての性質も有している．この章では，イントロダクションとして，光の本質を理解するために必要な光の波動性・粒子性についての基本的事項について説明していく．

1-1　波動としての光の性質

　光は物質とエネルギーのやり取りを行う場合は粒子性を示すが，真空中，空気中，水中など，光にとって透明な物質中を伝搬するときは波動性を示す．

　光は**電磁波**（electromagnetic wave）の一種であり，**Fig. 1-1** に示すように，電界と磁界が振動しながら空間を伝搬する横波である．電磁波の基本形は**正弦波**（sinusoidal wave）であり，光も正弦波として扱うことができる．光が真空

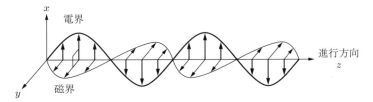

Fig. 1-1 伝搬する電磁波

中を伝搬するときの速さは一定であり

$$2.997\,924\,58 \times 10^8 \quad \mathrm{m/s}$$

の大きさをもつ．3.0×10^8 m/s（1秒間に約30万km）と記憶しておいて問題ない．光の速さ（光速）と波長および振動数との間には高等学校で学ぶ

$$c = \nu \lambda \tag{1-1}$$

のよく知られた関係がある．ここで，c は光速，ν は振動数（あるいは周波数），λ は波長である．

　光を透過させる物質のことを**媒質**（medium）という．真空，空気，ガラス，結晶，プラスチック，水などはすべて媒質の一種である．媒質中の光速は真空中よりも遅い．媒質中の光伝搬においては振動数 ν が不変であり，λ のほうが変化している．光の性質は振動数 ν を用いて議論するのが本質的であると思われるが，一般には波長で説明されている現象も多い．

　電磁波にはさまざまな波長あるいは振動数をもつものがあり，**Fig. 1-2** に示すように，さまざまに呼称されている．われわれが一般に光と認識しているのは，視覚を生じる波長 0.4～0.7 μm の電磁波である．この範囲の電磁波を**可視光**（visible light）と呼んでいる．可視光では，波長の違いを色の違いとして視覚することができる．波長の長いほうから，赤・橙・黄・緑・青・藍・紫（せき・とう・おう・りょく・せい・らん・し）の順の色になる．よく知られた虹の七色である．

　可視光の代表的なものとして太陽光，蛍光灯からの光，白色発光ダイオード（LED）からの光などが挙げられるが，これらは虹の七色ではなく，白く感じられる．白く感じるこれらの光を**白色光**（white light）という．さまざまな波長の光，つまりさまざまな色の光が混じり合うことで光は白色に見えるようになる．光と呼ばれる波長範囲は可視光域にとどまらないが，境目は定まっておらず，おおむね波長 0.1 μm の真空紫外領域から波長 10 μm 程度までの赤外領域とされている．

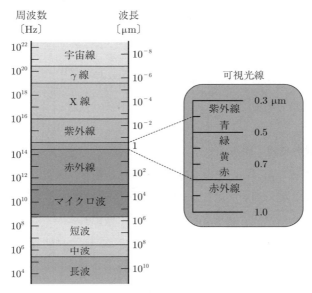

Fig. 1-2 電磁波の種類

　光は電磁波であるから媒質中を進むときには**回折**（diffraction）や**干渉**（interference）が生じ，進行方向を変化させる。回折・干渉については後述するが，光は直進すると近似的に考えて説明がつく現象も多い。この近似を用いると，光の進路を**光線**（ray of light）と呼ばれる直線で示すことができる。高等学校などで結像式を導く際に光線を使用した経験のある読者も多いはずである。

　光学（optics）は，光の本質は考えず，光の進路を光線で幾何学的に扱う方法で発展してきた事実がある。光を光線として扱う光学の分野を**幾何光学**（geometrical optics）という。以下より，幾何光学の考え方をベースに光線の進み方について言及していく。

1-1-1　光　の　直　進

　光が媒質中を伝搬するとき，その媒質が均一であれば，光は直進する。媒質が均一であるということは，媒質の物理的性質が空間的に異ならず，一様であることを意味している。雲の間から太陽光が漏れる現象を観察すると，太陽光

が空気中を直進するように見えることがある。この場合，媒質としての空気に圧力，密度，温度などの空間的分布がなく，おおむね一様であると認識することができる。圧力，密度，温度などが一様ではない空気中では，光は必ずしも直進しない。蜃気楼や陽炎（かげろう）は，空気の物理的性質が空間的・連続的に異なる場合に生じる現象である。

1-1-2　光の反射・屈折

光がある媒質から物性の異なる媒質に入射する場合，通常，二つの媒質の境界面において光の一部が反射し，一部は屈折する現象が生じる。海面に朝日が昇る状況を高台に立って眺めたとき，朝日が水面に映り，また朝日の光が反射して目に入ってくる状況を想像することができる。これは朝日の光が**反射の法則**（law of reflection）に従っていることによる。海中に目を移すと，岩や海草などが浮き上がって，あたかも浅い場所に存在しているかのように見える。これは岩や海草からの光が**屈折の法則**（law of refraction）に従っていることによって生じる現象である。

Fig. 1-3 に示すように，媒質Ⅰから Ⅱ へ光線が入射する場合を考える。図において AO は入射光線，OB は反射光線，OC は屈折光線，NON′ は境界面に

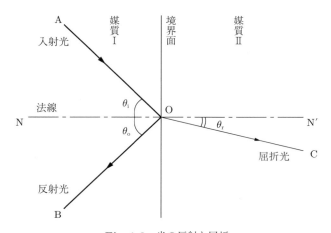

Fig. 1-3　光の反射と屈折

垂直に立てた**法線**（normal line）である．入射光線と法線がなす角 θ_i を入射角，反射光線と法線がなす角 θ_o を反射角，屈折光線と法線がなす角 θ_r を屈折角という．

反射の法則により

$$\theta_\mathrm{i} = \theta_\mathrm{o} \tag{1-2}$$

が成立する．反射の法則は鏡を用いて容易に確かめることができる．直進している光の進路を 90° 曲げるためには，反射の法則により，鏡を法線に対して 45°に設定すればよい．鏡への光の入射角度を変化させることによって光を任意の位置に導くことができる．

光の屈折に関しては，屈折の法則により，以下が成立する．

$$\frac{\sin\theta_\mathrm{i}}{\sin\theta_\mathrm{r}} = n \tag{1-3}$$

ここで n は媒質 I と II により定まる定数であり，媒質 II の媒質 I に対する**屈折率**（refractive index）と呼ばれている．仮に媒質 I が真空であったとし，式(1-3) を

$$\frac{\sin\theta_\mathrm{i}}{\sin\theta_\mathrm{r}} = n_0 \tag{1-4}$$

と書き換える．n_0 は，真空の屈折率を 1 とした**絶対屈折率**（absolute refractive index）と呼ばれる．一般に水やガラスの屈折率といった際には，この絶対屈折率のことを指している．空気中の屈折率は真空中と同様におおむね 1 である．屈折率 1.5 のガラスに入射角 30° で光を入射すると，屈折角は，式(1-4) より，19° になる．

屈折の法則をたくみに利用した**光学部品**（optics）の代表的なものとして，レンズがある．レンズは，ガラスなどの媒質を球面状に整形することで，屈折光を 1 点に集める光学部品である．

屈折率の大きさは入射する光の波長（または振動数）が単一であれば一定値とみなして差し支えない．しかしながら，白色光のようにさまざまな波長の光が混じり合っている場合には，屈折率を一定値とみなすことができない．屈折率の大

きさは，媒質が均一であったとしても，光の波長により異なるのである。このような性質を**分散**（dispersion）という。よく知られているプリズムは分散を利用して光を波長（色）で分ける光学部品の一つである（**Fig. 1-4**）。屈折角の大きさが波長ごとに異なるため，波長ごとに光の進路が変化し，それぞれの波長に対する色が現れる。光を波長ごとに分けることを一般に**分光**（spectroscopy）と呼んでいる。分光は各種分析・評価に欠かせない技術となっている。

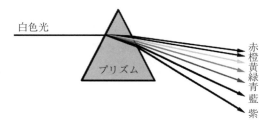

Fig. 1-4 プリズムによる分光

1-1-3 全 反 射

Fig. 1-3 で示した屈折の法則において，媒質 I および II の絶対屈折率をそれぞれ n_1, n_2 とすると，式 (1-4) は

$$\frac{\sin\theta_\mathrm{i}}{\sin\theta_\mathrm{r}} = \frac{n_2}{n_1} \tag{1-5}$$

と示すことができる。これを変形すると

$$n_1 \sin\theta_\mathrm{i} = n_2 \sin\theta_\mathrm{r} \tag{1-6}$$

となる。この関係式を一般に**スネルの法則**（Snell's law）と呼んでいる。この式は光の屈折の前後において，n も θ も変化する可能性があるのに対し，$n\sin\theta$ の量は不変であることを示している。

いま，$n_1 > n_2$ のとき，例えば屈折率 1.5 のガラスから屈折率 1.0 の空気に光が入射したときを考えてみる。光の入射角 θ_i を大きくしていくと，屈折角 θ_r も大きくなり，θ_r は 90° に近づいていく。仮に $\theta_\mathrm{r} = 90°$ になれば，式 (1-6) は

つぎのようになる。

$$n_1 \sin \theta_i = n_2 \tag{1-7}$$

sin 関数は 1 以上の値をとらないので，屈折角 θ_r が 90° になった状態は，屈折光が存在する限界を示している。さらに入射角 θ_i を大きくしても屈折光は存在せず，入射光はガラス，空気の境界面ですべて反射する。この現象を**全反射** (total reflection) という。光は全反射現象によってガラスの中に閉じ込められるのである。**Fig. 1-5** に全反射の様子を図示した。光ファイバはこの全反射現象を利用して光を閉じ込め，光を伝送している。$\theta_r = 90°$ となる入射角 θ_i を臨界角と呼び，これを θ_c とすると，式 (1-7) より θ_c を

$$\theta_c = \sin^{-1}\left(\frac{n_2}{n_1}\right) \tag{1-8}$$

と求めることができる。

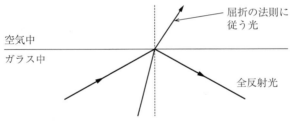

Fig. 1-5 光の全反射

ガラスから空気中への光入射を考え，$n_1 = 1.5$, $n_2 = 1.0$ とすると，式 (1-8) より，臨界角 θ_c は 42° となる。42° 以上の入射角で光を入射すれば，全反射が生じ，光をガラスの中に閉じ込めることができる。

1-1-4 干渉・回折

前項までは幾何光学を用いて光の性質を述べたが，この項では再び光を波として扱い，波の性質として特徴的な干渉・回折に関しての概要を示していく。

二つの波が重なり合うとき，重ね合わせの原理により，波の振幅は変化する。

例えば，波の山と山，または波の谷と谷が重なると波の振幅が大きくなり，波は強めあう．一方で波の山と谷が重なれば，振幅は小さくなり，波は弱めあう．

Fig. 1-6 に同心円状に揺れる二つの水面波が重なっている様子を示す（水面波を上から眺めている図になる）．図の実線はある瞬間における波の山，破線は谷を示している．実線，破線は波の**波面**（wavefront）を表しており，いまの場合，**球面波**（spherical wave）の伝搬を示していることになる．

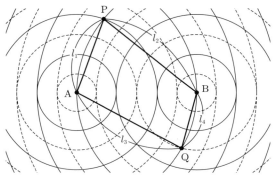

Fig. 1-6 水面波の干渉

いま，二つの**波源**（wave source）A，B から同じ波長 λ の波が同位相で送り出されたとする．これらの波が重なり合うと，波が強めあったり，弱めあったりする現象が生じる．これを**波の干渉**（wave interference）という．

波が強めあう条件，弱めあう条件について考えてみる．Fig. 1-6 において，点 P のように，二つの波源 A，B からの距離の差 $|l_1 - l_2|$ が波の波長の整数倍であるとき，二つの波の位相はつねに等しく，山と山，谷と谷がつねに重なり合うため波は強めあう．したがって，強めあう条件は

$$|l_1 - l_2| = n\lambda \qquad (n = 1, 2, 3, \cdots) \tag{1-9}$$

と表記できる．一方で点 Q のように

$$|l_3 - l_4| = \left(n + \frac{1}{2}\right)\lambda \qquad (n = 1, 2, 3, \cdots) \tag{1-10}$$

であれば，二つの波の位相差はつねにπとなり，波の山と谷が重なり合い，打ち消しあって弱めあう。

水面波が進行する途中で岩などに当たると，水面波は岩の周りに回り込むように進路を変更する。海の波が防波堤の影となる部分にまで回り込む現象はよく知られている。このように，波の進行方向に障害物があると，波は進行方向を変化させる。この現象を**波の回折**（wave diffraction）という。**Fig. 1-7** に，波面に垂直に進む**平面波**（plane wave）が小さいすき間を通過する様子を示している。波はすき間を出ると，回折により，すき間を波源とした円形の波面を形成して進んでいく。波はすき間の影の部分にまで回り込んで進んでいくのである。回折による波の広がり角を**回折角**（diffraction angle）という。回折角 $\Delta\theta$ は以下のように示すことができる。

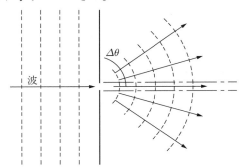

Fig. 1-7　平面波の回折

$$\Delta\theta = \sin^{-1}\left(\frac{\lambda}{\Delta d}\right) \approx \frac{\lambda}{\Delta d} \tag{1-11}$$

ここに Δd はすき間の幅である。回折角は波長と同程度のすき間の幅で著しく大きくなる。

1-1-5　ヤングの実験

ここで光における干渉・回折を視認できるようにし，加えて光波長の実測を可能にした**ヤングの実験**（Young's interference experiment）の概要について述べる。

Fig. 1-8 に示すように，間隔 d で近接した二つのピンホール（小さな穴）をもった板に対して，平面波が入射したとする。この図においては波面を実線で示しているが，太いほうが波の山，細いほうが谷を表している。二つのピンホールを通った光は，距離 D だけ離れたスクリーン上で，明暗の縞を形成する。このような縞を**干渉縞**（interference fringe）という。干渉縞は二つのピンホールによって回折した光がスクリーンに到達する前に干渉を起こすことによって発生する。

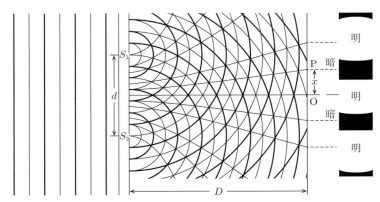

Fig. 1-8 ヤングの実験

Fig. 1-8 において，スクリーン上の点 P で光が強めあう条件は，式 (1-9) を参考に

$$|S_1P - S_2P| = n\lambda \quad (n = 1, 2, 3, \cdots) \tag{1-12}$$

であり，弱めあう条件は，式 (1-10) より

$$|S_1P - S_2P| = \left(n + \frac{1}{2}\right)\lambda \quad (n = 1, 2, 3, \cdots) \tag{1-13}$$

となる。また，明線，暗線の位置については

$$x = \frac{D\lambda}{d}n \quad (n = 1, 2, 3, \cdots) \tag{1-14}$$

$$x = \frac{D\lambda}{d}\left(n + \frac{1}{2}\right) \quad (n = 1, 2, 3, \cdots) \tag{1-15}$$

がそれぞれ成立する．ヤングの実験では，d, D, x をそれぞれ実測することにより，光の波長 λ を求めることができる．ヤングの実験は光の波動説を疑いのないものとしたことでも歴史的に有名である．

1-1-6 偏　　光

　光は，Fig. 1-1 に示したように，電界と磁界が直交して振動しながら伝搬する横波である．特に電界に着目して，電界の振動方向に偏りのある光を**偏光**（polarized light）と呼んでいる．偏光は，光の伝搬方向に垂直なあらゆる方向の中で，特定の方向にのみ電界が振動する光のことを指している．蛍光灯や太陽光からの光は，電界の振動方向が無秩序であり，ランダム偏光あるいは無偏光と呼ばれている．スキーや釣りの際に「偏光サングラス」を使用することがあるが，偏光サングラスは特定の振動方向からの光しか透過させない性質をもっている．

　いま，**Fig. 1-9** に示すように，z 方向に進行する波を考える．光の電界の振動方向は，光が横波であるので，xy 平面内に限られる．したがって，これを x 方向と y 方向の電界振動として分解してみる．x 方向の成分を

$$E_x = E_{0x} \cos\left[\omega t - \frac{2\pi z}{\lambda}\right] \tag{1-16}$$

y 方向の成分を

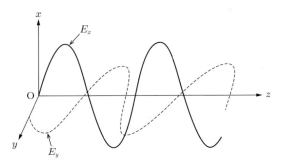

Fig. 1-9 偏　　光

$$E_y = E_{0y} \cos\left[\omega t - \frac{2\pi z}{\lambda} + \phi\right] \tag{1-17}$$

としてみる。ここで ϕ は $z=0$ における x 方向と y 方向成分の位相差，ω は角周波数（$= 2\pi\nu$）である。この二つの波の合成電界はベクトル和で与えられる。それぞれの単位ベクトルを $\bm{e}_x$, $\bm{e}_y$ とすると合成電界ベクトルは

$$\begin{aligned}\bm{E} &= \bm{e}_x E_x + \bm{e}_y E_y \\ &= \bm{e}_x E_{0x} \cos\left[\omega t - \frac{2\pi z}{\lambda}\right] + \bm{e}_y E_{0y} \cos\left[\omega t - \frac{2\pi z}{\lambda} + \phi\right]\end{aligned} \tag{1-18}$$

と示すことができる。

ここで，$\phi = 0$，つまり x 方向成分と y 方向成分が同位相の場合，式 (1-18) は

$$\bm{E} = (\bm{e}_x E_{0x} + \bm{e}_y E_{0y}) \cos\left[\omega t - \frac{2\pi z}{\lambda}\right] \tag{1-19}$$

となり，合成ベクトルを $\bm{E}_0$ とすると

$$\bm{E} = \bm{E}_0 \cos\left[\omega t - \frac{2\pi z}{\lambda}\right] \tag{1-20}$$

と表記できる。電界 $\bm{E}_0$ は一定のベクトルであるので，合成電界 $\bm{E}$ は xy 平面内の一方向にのみ振動する（**Fig. 1-10**）。また，この波の振動方向が x 軸となす角 θ は

$$\tan\theta = \frac{E_y}{E_x} = \frac{E_{0y}}{E_{0x}} \tag{1-21}$$

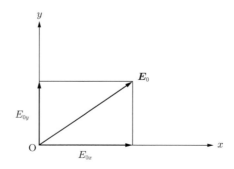

Fig. 1-10 直線偏光

である．このように電界の振動方向が時間に依存しない偏光を**直線偏光**（linearly polarized light）という．直線偏光では，光を z 方向から自分の方向に向かうように眺めた場合に，電界の振動が直線上を動くように見える（**Fig. 1-11**）．$\phi = \pi$ の場合も同様に直線偏光となる．

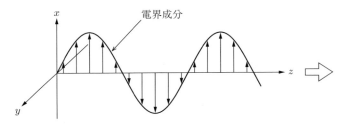

Fig. 1-11 直線偏光の一例

$\phi \neq 0$ においての電界 E は式 (1-18) で示したとおりである．いま，$z = 0$ の平面上における E の正射影を考えてみる．式 (1-18) は

$$E = e_x E_{0x} \cos \omega t + e_y E_{0y} \cos(\omega t + \phi) \tag{1-22}$$

と変形できる．$\phi = \pi/3$ として描いた正射影を **Fig. 1-12** に示す．この曲線は

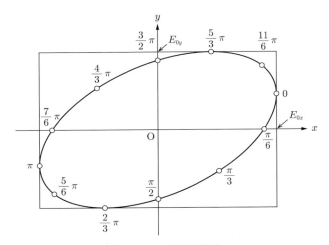

Fig. 1-12 楕円偏光

楕円を示しており，このような光を**楕円偏光**（elliptically polarized light）という。x方向成分とy方向成分の位相が一致していない場合，合成された電界ベクトル$\boldsymbol{E}$は一つの楕円上を動きまわることになる。また，特に$E_{0x} = E_{0y}$，$\phi = \pi/2, 3\pi/2$のときは，電界ベクトル$\boldsymbol{E}$が円上を動くことになり，**円偏光**（circularly polarized light）と呼ばれる。

楕円偏光，円偏光では$\boldsymbol{E}$の回転の方向を区別する場合があり，z方向から光が自分の方向に向かうように眺めた場合に，回転の方向に応じて右まわり，左まわりと表現する。Fig. 1-12は右まわり楕円偏光である。**Fig. 1-13**は$\phi = 3\pi/2$における左まわり円偏光の例を示している。

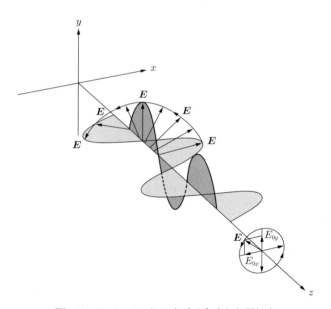

Fig. 1-13 $\phi = 3\pi/2$における左まわり円偏光

先に蛍光灯や太陽光からの光は無偏光状態と述べたが，さまざまな偏光の雑多な集合であると考えてよい。ここまでの偏光に関する記述からは，任意の偏光が二つの直交する直線偏光の重ね合わせで表現できることが示されている。

無偏光状態の光は媒質での反射・屈折の際，ある割合の偏光で分かれる。この現象を，電界ベクトルが入射面（入射光と面の法線が決定する平面）内で振動する **p 偏光**（p-polarized light）と，電界ベクトルが入射面に垂直な方向で振動する **s 偏光**（s-polarized light）とに成分分けして考えてみる。

p 偏光を媒質に入射した際の反射率は，特定の入射角において 0 となる。例えば，屈折率 1.0 の空気から屈折率 1.5 のガラスへの光入射においては，それぞれの偏光は **Fig. 1-14** に示すような特性となる。p 偏光の反射率が 0 となるときの角度を**ブリュースター角**（Brewster angle）といい，空気および媒質の屈折率をそれぞれ n_0, n_1 として

$$\theta_\mathrm{B} = \tan^{-1}\left(\frac{n_1}{n_0}\right) \tag{1-23}$$

と表すことができる。

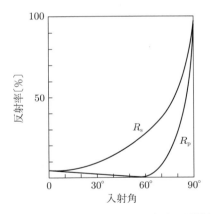

Fig. 1-14 屈折率 $n = 1.5$ における p 偏光の反射率 R_p と s 偏光の反射率 R_s

Fig. 1-15 に，ブリュースター角で，p 偏光，s 偏光に成分分けした無偏光の光をある媒質に入射した場合の反射・屈折の様子を示す。図中の矢印および ● は電界の振動方向であり，それぞれ p 偏光および s 偏光を示している。p 偏光成分の反射率は 0 であるので，p 偏光成分は損失なく屈折して透過し，一方で s 偏光成分は完全に反射される。つまり，反射光は直線偏光となる。また，

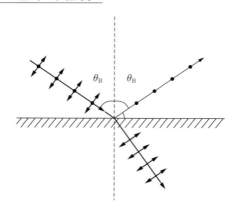

Fig. 1-15 ブリュースター角での光入射

Fig. 1-14 に示した反射率と角度の関係からは，無偏光の光が何らかの媒質で反射を受けた際，s 偏光の成分が p 偏光成分よりも幾分か多くなることがわかる。このような光は**部分偏光**（partially polarized light）と呼ばれている。スキーや釣りの際に偏光サングラスが有効なのは，雪や水面で反射した太陽光が部分偏光になり，特定の振動方向の光のみがサングラスを通過することによる。

　偏光を利用した光学部品の代表的なものに**偏光板**（polarizer）がある。市販されている安価な偏光板は，ポリマーの膜を板上で機械的に 1 方向に引き伸ばし，1 方向に並んだポリマーの長鎖を利用して偏光を作り出している。そのほか，結晶の複屈折性を利用するものやガラス上に誘電体透過膜をコーティングするものなど，多数の偏光板が市販されている。

1-1-7　散　　　乱

　光が微粒子に当たり，その進行方向を変える現象を**光散乱**（light scattering）という。われわれは普段何気なく青空，白い雲，真っ赤な夕日などを認識しているが，自然界でこれらの色が現れるのは太陽光がさまざまな微粒子で光散乱を受けていることによる。ここでいう微粒子とは，空気中に含まれる酸素や窒素などの原子・分子，水分子（水蒸気），チリやゴミなどを指す。散乱の性質は光の波長と微粒子の大きさによって異なる。ここでは白色光，つまり波長 0.4～

0.7 μm 辺りのスペクトルを有する光における散乱を考えてみる。

光とぶつかる微粒子の大きさが波長よりわずかに大きいか同程度になると，式 (1-11) で示したように，光の回折効果が顕著になってくる。微粒子にぶつかった光は微粒子の周囲に回り込み，四方八方に散乱される。この場合，散乱の波長依存性は小さく，白色光の入射では微粒子全体が一様に白色に見えることになる。水蒸気や雲が白く見えるのは，水滴の大きさがおおむね 1～50 μm に分布していることによる。

微粒子の大きさが波長より十分に小さい場合は**レイリー散乱** (Rayleigh scattering) と呼ばれる現象が生じる。レイリー散乱は強い波長依存性を有しており，波長の 4 乗の逆数に比例して，散乱光の強度が増加していく。つまり，短波長の光ほど，散乱強度が大きくなる。散乱光強度 I_{Rs} は

$$I_{Rs} = K \frac{(n-1)^2 N}{\lambda^4} \tag{1-24}$$

と示すことができる。ここで K は比例定数，n は微粒子の屈折率，N は単位体積当りの微粒子の数，λ は波長である。**Fig. 1-16** に散乱光強度と波長の関係を示す。図より，波長 0.4 μm の可視光は 0.7 μm の可視光に比べて約 10 倍強く散乱されることがわかる。空が青く見えるのは，大気中に含まれる微粒子のレイリー散乱によって波長の短い青色成分（0.45 μm 近傍）が強く散乱を受けているためである。同様に，晴天時に遠くの山々が青みがかって見えるのも，大

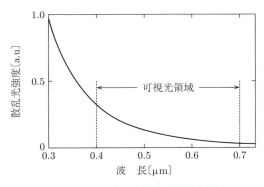

Fig. 1-16 レイリー散乱の波長依存性

気中でのレイリー散乱が背景に重なることによる。朝方あるいは夕方時に太陽高度が低くなると朝焼け，夕焼けに代表される赤みをおびた空を見ることができる。これは太陽高度が低いため，太陽光が厚い大気中を進む必要があり，レイリー散乱によって失われた青色に代わり，残った赤色成分が目に到達することによる。

　ここで述べた散乱は入射光と散乱光の波長に変化がなく，一般に弾性散乱と呼ばれている。散乱光の波長が変化する場合を非弾性散乱といい，代表的なものとして**ラマン散乱**（Raman scattering）があるが，その詳細については割愛する。

1–2　粒子としての光の性質

　ここまでは光の波動性について述べたが，本節からは光の粒子性についての概要を示していく。

　光を物理的に区別するには，分光技術を用いて，光の強さの波長分布を求めるのが有効である。**Fig. 1-17** において，波長 λ と $d\lambda$ の間にある光の強さを dU とすると

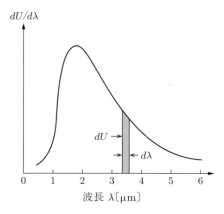

Fig. 1-17　光の波長分布

$$f(\lambda) = \frac{dU}{d\lambda} \tag{1-25}$$

をその光の**スペクトル**（spectrum）という。Fig. 1-17 のように $f(\lambda)$ が連続的な関数になっている場合には**連続スペクトル**（continuous spectrum）という。また，特定の波長位置に線状に現れるスペクトルのことを**線スペクトル**（line spectrum）という。ここでは，まず，高温下の物質で放射される光のスペクトル分布を考察することによって，光の粒子性について考えてみる。

1-2-1 黒体放射のスペクトル

鋼鉄を熱すると，はじめのうちは表面から熱線（電磁波）が放射されるが，さらに熱して温度を高めるとやがて赤ないしは橙色の可視光が放射され，最後にはそれが白色となる（いわゆる白熱状態となる）。光が放出されるのは，鋼鉄を構成している電子やイオンなどの荷電粒子の熱運動（振動）による電界や磁界のエネルギー変動によるものである。熱せられた物質の内部エネルギーが電磁波（光）の形で周囲に放出される現象を**熱放射**（thermal radiation）という。地球の表面温度程度でも熱放射によって電磁波（熱線）が放出されている。この場合は赤外線の放射となり，それと同時に地球が冷却される。よく知られた**放射冷却**（radiation cooling）というのは，赤外線の放射によって地球が冷却されることを指している。

熱放射によって発生した光を分光すると，スペクトルの形状が温度によって異なってくるという実験事実がある。高温下で放射される光の強度は特定の波長で極大値をもち，その極大波長は温度が高くなるとともに短い波長側にずれていくのである。ここで光を放射する物質の表面状態や形状などを考慮するのは煩わしいので，理想的な物体として**黒体**（black body）を対象物質として考える。黒体とは，温度のみによって支配され，低温度のときにあらゆる波長の光を完全に吸収する物体のことをいう。**Fig. 1-18** に黒体が高温になって発光したときの**黒体放射**（black body radiation）スペクトルを示す。19世紀末の未解決問題として，物質の温度によって変化する熱放射光のスペクトルを理論

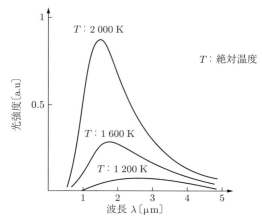

Fig. 1-18 黒体放射のスペクトル

的に説明する試みが，熱力学をベースとして多くの科学者によって行われた。

　ドイツの科学者プランクは，高振動数（短波長）において実験結果とよく一致するウィーンの式と低振動数（長波長）で一致するレイリー・ジョーンズの式を組み合わせて，**量子**（quantum）という概念を導入し，全振動数領域で実験結果を説明できる式を導出した。この**プランクの量子仮説**（Planck's quantum hypothesis）は，あらゆる力学系のエネルギー状態は任意の連続的な値をとることができず，ある単位の整数倍になることを示したものである。振動数 ν で振動している系において，その系のとり得るエネルギー状態は

$$E_n = nh\nu \quad (n = 0, 1, 2, \cdots) \tag{1-26}$$

の離散的な値のみとした。ここで h は**プランク定数**（Planck constant）と呼ばれ

$$h = 6.626 \times 10^{-34} \quad \text{J·s}$$

の値をもつ。プランク定数の単位はジュール単位のエネルギー（単位記号：J）と時間の積となっている。光を放出または吸収する物質の構成要素を正弦的に

振動する「振動子」と考えた場合，振動数 ν の振動子に対しては，ν に h を掛けた値の整数倍のエネルギーのみが許容されると解釈するのである．式 (1-26) においては $h\nu$ がエネルギーの単位で，その n 倍のみが，その系に許されるエネルギー状態である．プランクは，この量子仮説において，振動数 ν の放射光のエネルギーが

$$E_\nu = \frac{8\pi h \nu^3}{c^3} \frac{1}{e^{\frac{h\nu}{kT}} - 1} \tag{1-27}$$

で示されるという結論を得た．なぜ量子仮説が成立するかの詳細は本書が意図する範囲を超えるので省くが，エネルギーに原子的な構造があることを示す画期的な発見であったと位置づけることができる．式 (1-27) によって，ある温度 T における黒体放射の問題は説明できることになった．

　光と関連する振動のエネルギーが不連続であるのなら，放出あるいは吸収される光のエネルギーも不連続なものになると考えられる．1905 年にアインシュタインはプランクによる量子仮説の概念を光に適用した．振動数 ν の光は

$$E = h\nu \tag{1-28}$$

のエネルギーをもった粒子のように振舞うという**光量子仮説** (light quantum hypothesis) である．アインシュタインは離散的な光のエネルギーを考え，光は $h\nu$ のエネルギーのかたまりとして物質と相互作用すると主張した．式 (1-28) を式 (1-1) によって波長で書き直すと

$$E = h\frac{c}{\lambda} \tag{1-29}$$

となる．光における量子のことを光量子，あるいは**光子** (photon) と呼ぶ．また，式 (1-28)，(1-29) で示されるエネルギーを**光子エネルギー** (photon energy) という．光子エネルギーは光の振動数が大きい（波長が短い）ほど，大きくなる．アインシュタインは，光量子仮説を用いて，つぎに述べる**光電効果** (photoelectric effect) の現象説明に成功した．

1-2-2 光電効果

金属や半導体などの物質に光を照射した際,物質表面から**電子** (electron) が飛び出す現象を生じる場合がある。この現象のことを光電効果という。光電効果はどのような条件下でも生じるわけではない。結果を要約するとつぎのようになる。

(1) 照射する光の振動数を小さくしていくと(波長を長くしていくと),光電効果が認められなくなる。効果の生じる臨界振動数 ν_c (臨界波長 λ_c) がある。

(2) 飛び出した電子がもっている運動エネルギーは,照射した光の光子エネルギーに比例している。

(3) 照射する光の強さ(波として考えた場合の振幅の大きさ)を増しても,電子の運動エネルギーは増加しない。

これらの結果は,光を波と考えたのでは説明できないものである。いま,**Fig. 1-19** に示すように照射した光の光子エネルギーを $h\nu$,飛び出した電子の速度を v,質量を m とすると,光電効果の発生において

$$\frac{1}{2}mv^2 = h\nu - q\phi \tag{1-30}$$

が成立する。この式の左辺は電子の運動エネルギー,右辺の $q\phi$ は電子(自由電子)が物質から離れて飛び出すのに必要なエネルギーを示しており,物質に固有の値となる。なお,q は電荷素量であり,ϕ は**仕事関数** (work function) と呼ばれている。自由電子は,光量子仮説によって $h\nu$ のエネルギーを獲得する

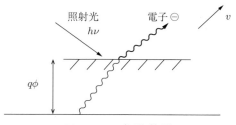

Fig. 1-19 光電効果

が，それが $q\phi$ よりも大きければ外に飛び出すことができる。臨界波長は，式 (1-30) から式 (1-1) の関係を用いて

$$\lambda_c = \frac{hc}{q\phi} \qquad (1\text{-}31)$$

と示すことができる。式 (1-30) および (1-31) は，シンプルではあるが実験結果をよく説明し，光が粒子としての性質をもつことを示した画期的な意義をもっている。

光は波動性と粒子性という，一見，相矛盾する両面をもっていると解釈せざるを得なくなった。これを**光の二重性**（dualism）という。

1-2-3 物 質 波

粒子と波動の二重性は光のみに限定されるものではない。電子など，他の粒子も波動性をもつ。アインシュタインの相対性理論によると，エネルギーと質量との間には

$$E = mc^2 \qquad (1\text{-}32)$$

の関係が成立している。ここに c は光速，m は粒子の相対論的質量であり

$$m = \frac{m_0}{\sqrt{1 - \dfrac{v^2}{c^2}}} \qquad (1\text{-}33)$$

と示すことができる。m_0 は粒子が静止しているときの質量，v は粒子の速度の大きさである。粒子の運動量の大きさは，$p = mv$ であるので，式 (1-32) との関係から m を消去すると

$$p = \frac{v}{c^2} E \qquad (1\text{-}34)$$

となる。光子が粒子であると考えると $v = c$ であり，光子のエネルギーは $E = h\nu$ であるので，粒子の運動量として

$$p = \frac{h\nu}{c} = \frac{h}{\lambda} \qquad (1\text{-}35)$$

を得ることができる。変形して

$$\lambda = \frac{h}{P} \tag{1-36}$$

となる。式 (1-36) は粒子の運動量と波としての波長がプランク定数を介したシンプルな関係にあることを示している。言い換えれば粒子の波長が簡単に求められることを示しており，フランスの科学者ド・ブロイは，これを**物質波**（material wave）と名づけた。式 (1-36) の関係は光に対して導いたが，光以外の粒子にも拡張できる。現に電子線回折現象の発見などで電子の波動性が証明されている。

1-2-4　コンプトン効果

X線（X-ray）は，Fig. 1-2 に示したように，振動数の高い（波長の短い）電磁波であり，光子エネルギーがきわめて大きい。アメリカの科学者コンプトンは，X線を物質に当てると，物質内で散乱されたX線に，入射したX線の波長より長波長のものが存在することを発見した。この現象を**コンプトン効果**（Compton effect）という。1-1-7 項で述べたレイリー散乱は光を波と考えて説明がつく現象であるが，**コンプトン散乱**（Compton scattering）は光の粒子性を考慮することによって説明が可能な現象である。X線の光子エネルギーは可視・紫外光に比べてきわめて大きいので，光子が物質内の電子を弾き飛ばすことができる。光子が電子にエネルギーの一部を運動エネルギーとして与え，エネルギーの一部を失った光子がその波長を長く（振動数を低く）したと考えると，コンプトン効果を矛盾なく説明することができる。

Fig. 1-20 に示すように，X線が静止している質量 m_0 の電子に衝突して角度 θ で散乱したとする。入射したX線の波長を λ，散乱したX線の波長を λ_s，電子の相対論的質量を m，衝突後の電子の速度の大きさを v とすると，エネルギー保存則より

$$h\frac{c}{\lambda} + m_0 c^2 = h\frac{c}{\lambda_s} + mc^2 \tag{1-37}$$

が成立する。入射したX線の運動量は式 (1-35) で示したとおりであり，衝突前後の運動量保存則は，入射方向については

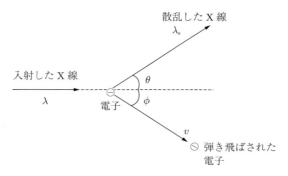

Fig. 1-20 コンプトン散乱

$$\frac{h}{\lambda} = \frac{h}{\lambda_s}\cos\theta + mv\cos\phi \tag{1-38}$$

垂直の方向については

$$0 = \frac{h}{\lambda_s}\sin\theta - mv\sin\phi \tag{1-39}$$

となる。式 (1-37)，(1-38)，(1-39) を連立させて散乱前後の X 線の波長変化 $\Delta\lambda$ を求めると

$$\Delta\lambda = \lambda_s - \lambda = \frac{h}{m_0 c}(1-\cos\theta) \tag{1-40}$$

となる。コンプトンが行った実験の結果は式 (1-40) によく一致し，光量子仮説は疑いのないものとなった。

1-2-5　不確定性原理

　光は粒子性をもつが，ここでいう粒子とは「古典的な粒子」とは異なり，粒子のエネルギーがある値の整数倍であり，離散的であることを意味するものである。光の波動性についてはヤングの実験に代表される回折・干渉によって多くの根拠が得られている。

　いま，**Fig. 1-21** に示すように，z 軸に沿って直進する運動量 p をもった波長 λ の光を考えてみる。運動の方向が完全に z 方向に向いているのなら x 軸方向の運動量の変化 Δp_x はゼロである。この光の空間的な位置を特定・確認する

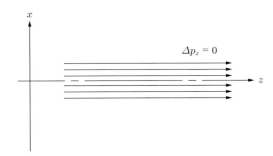

Fig. 1-21 z 方向に直進する光

ために，**Fig. 1-22** に示すような，幅 Δx のスリットを光の進路に挿入したとする。スリットを通過した光が確かに Δx の範囲にあることは容易に確認することができるが，一方で，光の波動性により，スリットを通過した光は回折して広がってしまう。回折による広がり角 $\Delta\theta$ は，式 (1–11) で示したように

$$\Delta\theta \approx \frac{\lambda}{\Delta x} \tag{1-41}$$

と表される。回折角は波長に比例してスリットの幅に反比例する。光が広がって伝搬する事実は，光の位置を特定するまではゼロであった x 軸方向の運動量変化 Δp_x が，位置を特定したためにゼロではなくなったことを意味する（Fig. 1-22 参照）。$\Delta\theta$ が非常に小さいと仮定すると，式 (1–35) および (1–41) を用いて運動量変化 Δp_x とスリット幅 Δx の間の関係を以下のように示すことができる。

$$\Delta p_x = p \sin \Delta\theta \approx p \Delta\theta = \frac{h}{\lambda} \cdot \frac{\lambda}{\Delta x} = \frac{h}{\Delta x} \tag{1-42}$$

これより

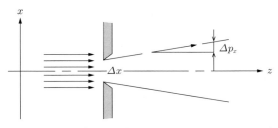

Fig. 1-22 z 方向に直進する光がスリットを通過するとき

$$\Delta x \cdot \Delta p_x \approx h \tag{1-43}$$

を得る．この関係は，光の位置を正確に特定しようとすると，その方向の運動量成分に，位置を特定したために生じる不確かさが伴うことを示している．スリットの幅を狭くして光の位置を正確に決めようとしても，あるいは運動量のほうを正確に決めようとしても，両方の積がプランク定数 h になる程度にしか正確にならないのである．これをハイゼンベルグの**不確定性原理** (uncertainty principle) という．ここでは光を例にして説明したが，不確定性原理は電子など，粒子性と波動性を有するすべての物理対象に共通する普遍的な関係と考えることができる．

不確定性は，粒子の運動を考えることによって，時間 t とエネルギー E についても成立する．すなわち

$$\Delta E \cdot \Delta t \approx h \tag{1-44}$$

である．粒子が運動している時間を特定しようとすると，粒子のエネルギーが定まらないのである．光子を想定し，$E = h\nu$ の関係を使って式 (1-44) を変形すると

$$\Delta h\nu \cdot \Delta t \approx h \tag{1-45}$$

となり

$$\Delta \nu \cdot \Delta t \approx 1 \tag{1-46}$$

が得られる．式 (1-46) は，光の振動数を特定しようとすると，光が振動する時間を特定することができないことを示している．この関係は後に述べるレーザ動作に関する考え方に影響を及ぼすことになる．

1-3 光と電子の相互作用

ここまで光の二重性について述べてきたが，この節では，第 3 章で述べるレーザの原理の理解において重要となる，光子と物質を構成する電子との相互作用について言及する．

Fig. 1-23 に示すように，電子は原子核の周りの定められた軌道上を運動していると考えられている．電子が安定して軌道上に位置するには，電子–原子核間のクーロン力と電子の運動による遠心力がつり合っている必要がある．原子番号が Z の原子において，電子が半径 r_n の距離で速度の大きさ v で円運動しているとすれば，向心加速度は v^2/r_n と示されるので

$$\frac{Z}{4\pi\varepsilon_0} \cdot \frac{q^2}{r_n^2} = \frac{m_e v^2}{r_n} \tag{1-47}$$

が成立しなければならない．ここに q は電子の電荷素量，m_e は電子の質量，ε_0 は真空誘電率である．ここでは $Z=1$ の条件，すなわち水素原子を想定した

$$\frac{1}{4\pi\varepsilon_0} \cdot \frac{q^2}{r_n^2} = \frac{m_e v^2}{r_n} \tag{1-48}$$

のときを考えてみる．

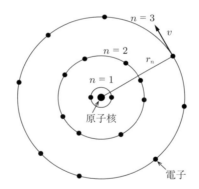

Fig. 1-23 ボーアの原子模型

電子の軌道は，**ボーアの量子理論**（Bohr's theory of atomic structure）から，**量子条件**（Bohr's quantum condition）を満足しなければならないとされている．量子条件とは，原子核の周りを運動している電子はその角運動量 l_n が

$$l_n = n\frac{h}{2\pi} \quad (n = 1, 2, 3, \cdots) \tag{1-49}$$

の値をとるときのみに限って軌道上に存在できる，というものである．ここで n は**主量子数**（principal quantum number）と呼ばれ，電子の軌道を定める重要

な因子となる。Fig. 1-23 において，等速円運動を行う電子の角運動量は $m_e r_n v$ であり，それが式 (1-49) で示した角運動量 l_n と等しくなるということなので

$$m_e r_n v = n \frac{h}{2\pi} \tag{1-50}$$

が成立する。式 (1-48) および (1-50) から v を消去すると，n の値に応じた軌道半径 r_n を求めることができる。すなわち

$$r_n = \frac{n^2 \left(\dfrac{h}{2\pi}\right)^2}{m_e \dfrac{q^2}{4\pi\varepsilon_0}} = \frac{h^2 \varepsilon_0}{\pi m_e q^2} n^2 \tag{1-51}$$

である。ここで $n=1$ での半径を**ボーア半径**（Bohr's radius）と呼び，それを r_1 として，式 (1-51) から大きさを求めると

$$r_1 = \frac{h^2 \varepsilon_0}{\pi m_e q^2} = 0.529 \times 10^{-10} \quad \text{m}$$

を得る。ここでの数値計算では $q = 1.60 \times 10^{-19}$ C，$\varepsilon_0 = 8.85 \times 10^{-12}$ F/m，$m_e = 9.11 \times 10^{-31}$ kg の各値を用いた。得られた r_1 の値は水素原子の大きさとして一般に知られている値と一致する。

一方，水素原子のとり得るエネルギーの値を E_n とすると，それは電子の運動エネルギー E_k と静電気力による位置エネルギー E_p との和であるので

$$E_n = E_k + E_p = \frac{1}{2} m_e v^2 + \left(-\frac{1}{4\pi\varepsilon_0} \cdot \frac{q^2}{r_n}\right) \tag{1-52}$$

と示すことができる。式 (1-51) を代入して，整理すると

$$E_n = -\frac{m_e q^4}{8\varepsilon_0^2 h^2} \cdot \frac{1}{n^2} \tag{1-53}$$

を得る。$n=1$ でのエネルギー E_1 は

$$E_1 = -\frac{m_e q^4}{8\varepsilon_0^2 h^2} = -2.18 \times 10^{-18} \quad \text{J}$$

となり，この結果も水素原子の**イオン化エネルギー**（ionized energy）として知られている値とよく一致する。イオン化エネルギーとは原子が原子核と電子

に分解されるエネルギーのことである．一般にイオン化エネルギーはエレクトロンボルトの単位（単位記号：eV）で表されることが多く

$$E_1 = \frac{-2.18 \times 10^{-18}}{1.60 \times 10^{-19}} = -13.6 \,\text{eV}$$

となる．エネルギーの値が負であるが，これは電子が原子核の影響から離れて孤立しているとき，すなわち $r_n = \infty$ のときに比べ，原子核に近いほどエネルギーが大きな負の値になるようにしているためである．つまり，$|E_1|$ の大きさは電子が原子核から束縛されている程度を示し，水素原子から電子を抜き取ってイオン化するには $|E_1|$ のエネルギーを与えればよい．

ところで，eV の単位で光子エネルギーを表現すると

$$E = h\frac{c}{\lambda} \,\text{〔J〕} \quad \Rightarrow \quad h\frac{c}{q\lambda} \,\text{〔eV〕} \tag{1-54}$$

であり，eV 単位のエネルギーと波長の換算式は

$$\lambda \approx \frac{1.24}{E} \,\text{〔μm〕} \tag{1-55}$$

となる．式 (1-55) より，13.6 eV の光子エネルギーは波長 0.091 μm の光に相当することが求められる．したがって，波長 0.091 μm より短い波長の光を水素原子に照射すれば，水素原子はイオン化する．

1-3-1　エネルギー準位

上記までに示したように，主量子数 n は軌道の大きさとエネルギーを決定する因子となる．ボーアは n で区別される状態（許されたエネルギーをもつ状態）を**定常状態**（stationary state）と呼び，そのエネルギー値を**エネルギー準位**（energy level）と名づけた．電子は原子核に近づけば近づくほど，安定となり，$n = 1$ のとき最も安定な状態となる．これを**基底状態**（ground state）という．これよりエネルギーの大きい（$|E_n|$ の小さい）状態，つまり $n \geq 2$ であれば電子がエネルギーを得て**励起状態**（excited state）にあるという．

主量子数 n で定められた軌道は，細かい軌道の集合体であり，軌道群を形成している．電子の運動状態は主量子数 n，方位量子数 l，磁気量子数 m，そし

てスピン量子数 s の四つの数値によって決定され，それらを**量子数**（quantum number）と呼んでいる．詳細については割愛するが，**パウリの排他原理**（Pauli exclusion principle）によって，一つの軌道には一つの電子しか存在できないとされている．したがって，主量子数 n で定められた軌道群には複数の電子が存在することになる．

1-3-2　光の吸収と放出

ボーアは電子が比較的長時間にわたってあるエネルギー状態を保ち得ると仮定し，電子があるエネルギー準位から他へ移るときに，エネルギーの放出あるいは吸収が生じると考えた．つまり，電子が軌道間を移動する際にはエネルギーの授受が伴うと仮定したのである．エネルギーの授受は**ボーアの振動数条件**（Bohr's frequency condition）に基づいて行われる．電子は高い準位のレベルにエネルギーを得て移り，低い準位にはエネルギーを放出して移る．ボーアの振動数条件は，あるエネルギー準位 E_1 と E_2 と（$E_1 < E_2$）のエネルギー差が光子エネルギーに対応づけられることを示したものであり

$$E_2 - E_1 = h\nu \tag{1-56}$$

と表記される．

　エネルギーの形態には光のほかに熱なども考えられるが，ここでは光子エネルギーのやり取りに限定する．エネルギー準位 E_1 にある電子は振動数 ν の光によって誘導されて上の準位 E_2 に移動する（励起される）．これを誘導吸収，あるいは単に**吸収**（absorption）が生じたと表現する．この光の吸収では，入射された光子 1 個が消滅したのと同時に原子が $h\nu$ のエネルギーを獲得したと考えることができる．E_2 状態にある電子は，下の準位 E_1 に移動する際に，振動数 ν の光エネルギーを**放出**（emission）する．この現象は吸収の可逆過程であり，出射した光子が 1 個生成されたと同時に原子が $h\nu$ のエネルギーを失うと考えることができる．準位間においてエネルギーの吸収，あるいは放出が生じ，状態が変化することを**遷移**（transition）と呼ぶ．電子の光吸収と放出を模

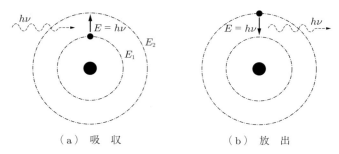

(a) 吸　収　　　　　(b) 放　出

Fig. 1-24 光の吸収と放出

式的に表したのが **Fig. 1-24** である。

電子が励起された状態にある原子とそれら原子のとり得るエネルギーを「直線」で模式的に表したのが **Fig. 1-25** である。このような図を**エネルギー準位図**（energy level diagram）という。最も安定な基底状態の準位を**基底準位**（ground level），励起状態の準位を**励起準位**（excited level）という。一般にエネルギー準位を表す際には Fig. 1-25 のような図を多用する。通常，物質は多数の原子で構成されているので，おのおのの原子が複数のエネルギー準位に分布していることになる。

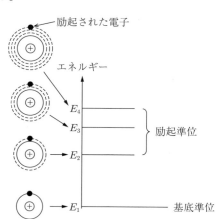

Fig. 1-25 エネルギー準位図

演 習 問 題

1. 波長 $0.5\,\mu m$ の光の振動数を求めよ。

2. 石英ガラスの可視光に対する絶対屈折率を調べ，波長 $0.5\,\mu m$ の光が空気中から石英ガラスに入射角 30 度で入射した際の屈折角を求めよ。

3. 波長 $0.6\,\mu m$ で $1\,mJ$ の光に含まれる光子数を示せ。

4. 温度 T における黒体の全放射エネルギーは T^4 に比例することを示せ（ステファン・ボルツマンの法則）。

5. タングステンの仕事関数は $4.52\,eV$ である。光電効果の生じる臨界波長を求めよ。

第 2 章

光　　　源

本章ではわれわれの生活に身近な光源の発光メカニズムの概要について述べる。光源の発光メカニズムは大きく三つに分類することができる。第一は黒体放射に代表される熱放射，第二は電子の準位間遷移による光放出，そして第三として制動放射のような連続的なエネルギー分布をもつ電子からの発光である。ここでは熱放射および電子の準位間遷移による光放出を利用した代表的な光源に限定し，それらの概要を示していく。

2-1　熱　放　射

熱放射を利用した光源は，照明用として，われわれの生活に身近なところでさまざまに使用されている。人類が最初に手にした人工的な照明は焚き火と考えられるが，焚き火は熱放射を利用した光源と位置づけることができる。ここでは熱放射光源として代表的な白熱電球，自然光としての太陽光の概要を示しておく。

2-1-1　白　熱　電　球

白熱電球は，1-2-1 項で述べた，物体が高温になった際の熱放射現象を利用した光源である。温度 T の物体から放射される光は，式 (1-27) に従うようなエネルギーを有する。**Fig. 2-1** に白熱電球のスペクトルの例を示す。

白熱電球はフィラメントと呼ばれる金属線に電流を流した際の熱放射によって発光している。フィラメントには，通常，タングステンが材料として用いられる。フィラメントが通電によって加熱されると，フィラメント内部のイオン

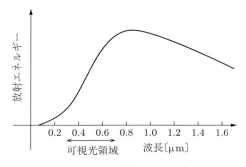

Fig. 2-1 白熱電球のスペクトル

や電子の熱運動により可視域から近赤外域の連続スペクトルを有する光が放出される。電力の多くが近赤外線や熱として放出されるため発光の効率が低く，おおむね10％程度である。白熱電球は交流，直流のいずれの電源でも使用可能である。

通電時のフィラメントは2600 K程度の高温となる。点灯時間の累積とともにフィラメントは徐々に蒸発して細くなり，最後に破損することで寿命となる。タングステンは融点が金属中では最も高く，フィラメント材として適していると考えられるが，高温下では酸化してしまうため，通常はアルゴンなどの不活性ガスを封入したガラス管に入れて使用される。

長年，照明用光源として使われてはいるが，発光効率，寿命の観点から，近年は後に述べる発光ダイオードを用いた電球が照明の主流になりつつある。

2-1-2 太 陽 光

太陽光は，人工的に発せられる光ではないが，熱放射による光源の一つである。特に太陽からの電磁波（光）の放射を指した場合，太陽放射と呼ばれている。太陽放射光のスペクトル分布から，黒体を仮定したときの放射温度は6000 K程度と推定されている。

太陽放射のスペクトルおよび6000 Kにおける黒体放射スペクトル分布を **Fig. 2-2** に示す。全エネルギーの約半分が可視光領域の波長で発光しており，

36　2. 光源

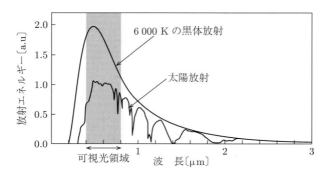

Fig. 2-2　太陽放射のスペクトル分布

残りは赤外線領域の発光となっている。太陽放射のスペクトルは黒体放射と似通った形状を示しているが、地球に到達するまでに空気、雲などによる吸収・散乱を受け、地表では図のような分布となっている。生命に有害な紫外線など 0.3 μm 以下の波長帯は、大気圏外のオゾン層に吸収され地表にはほとんど到達しない。

2-2　電子の準位間遷移による光放射

電子の準位間遷移による光放出を用いた光源もわれわれの生活に種々利用されている。近年では**発光ダイオード**（light emitting diode，LED）が、生活用照明として、白熱電球に置き換わりつつある。ここでは放電管と LED に限定して、それらの発光メカニズムの概要を紹介する。LED の発光原理の理解には半導体に関する一定の知識が必要であり、これについても簡潔に記述しておく。

電子の準位間遷移による光放出の代表例であるレーザについては、第3章にて詳細を述べる。

2-2-1　放電管からの発光

ガラス管などの内部に不活性ガスや金属蒸気などを封入して、両端に装着した陽極と陰極の間で放電を生じさせる電子管を総称して**放電管**（discharge tube）

という。放電管から放射された光を分光してみると，封入された元素に特有の線スペクトルが観測される。例えば，ナトリウム蒸気を封入した放電管からは波長 0.5890 μm と 0.5896 μm のオレンジ色に輝く二つの線スペクトルが現れる。放電管が発光する理由は，内部に封入された元素において，電子の準位間遷移に起因する光放出が生じたことに他ならない。

ここで放電管に水素分子を封入した場合を考えてみる。水素放電管からの発光スペクトルは紫外から赤外域にわたり，可視域においては 4 本の特徴的な線スペクトルが現れる。発光のメカニズムは以下のとおりである。

放電によって加速された電子が水素分子と衝突し，電子のもつ運動エネルギーが水素分子に与えられる（放電による原子・分子の励起に関しては 3-5-1 項を参照のこと）。その結果，水素分子の結合が切れ，水素原子が生成され，さらに水素原子中の電子が励起状態となる。電子が基底状態に戻る際，ボーアの振動数条件，式 (1-56) に従った光を放出する。

スイスの科学者バルマーは，水素原子の可視域における 4 本の線スペクトルを測定し，それぞれ 0.656 μm, 0.4861 μm, 0.4340 μm, 0.4102 μm であることを示し，さらに，一見何のつながりもないように見えるそれぞれの波長が以下の式（バルマーの関係式）に従うことを実験的に見出した。

$$\lambda = f\left(\frac{n^2}{n^2 - 2^2}\right) \qquad (n = 3, 4, 5, 6) \qquad (2\text{-}1)$$

ここで f は定数であり，$f = 0.3646$ μm となる。式 (2-1) で示されるスペクトルを**バルマー系列** (Balmer series) という。バルマー系列のスペクトルは，主量子数 $n = 2$ で示される定常状態の電子軌道に，それよりも高いエネルギー準位の電子軌道 ($n \geq 3$) から遷移してくる電子の光放出に由来している。式 (1-53) に $n = 2$ を代入すると -3.39 eV, $n = 3$ では -1.51 eV のエネルギー値が得られ，これらの差である $-1.51 - 3.39 = -1.88$ eV のエネルギーに相当する光が $n = 3$ からの電子遷移によって放出される。バルマー系列では，$n = 3$ の軌道とのエネルギー差が最も小さいので，最長波長となる 0.656 μm の赤色発光となる。また，$n = 5$ の軌道とのエネルギー差は -2.85 eV であり，0.4340 μm

の青色発光となる。式 (2-1) はスウェーデンの科学者リュードベリによって

$$\frac{1}{\lambda} = R\left(\frac{1}{2^2} - \frac{1}{n^2}\right) \qquad (n = 3, 4, 5, 6) \tag{2-2}$$

と書き換えられた。ここに R は**リュードベリ定数**（Rydberg constant）と呼ばれ，$R = 1.097 \times 10^7 \text{ m}^{-1}$ の値となる。

Fig. 2-3 に水素原子のエネルギー準位を示す。水素原子の発光スペクトルは紫外域，赤外域にも現れる。主量子数 $n = 1$ の定常状態の電子軌道に $n \geq 2$ の軌道から電子が遷移するときの光放出（おもに紫外域）を**ライマン系列**（Lyman series），$n = 3$ の電子軌道に $n \geq 4$ の軌道から電子が遷移するときの光放出（主に赤外域）を**パッシェン系列**（Paschen series）という。

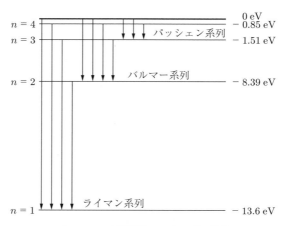

Fig. 2-3 水素原子のエネルギー準位

式 (2-2) を一般化すると

$$\frac{1}{\lambda} = R\left(\frac{1}{m^2} - \frac{1}{n^2}\right) \qquad (n = m+1,\ m+2,\ m+3,\ \cdots) \tag{2-3}$$

となり，この式は m で表される定常状態に n から電子が遷移した際に発生する光が特有のスペクトルをもつことを示している。$m = 1$ はライマン系列，$m = 2$ はバルマー系列，$m = 3$ はパッシェン系列のスペクトルである。さらに，$m = 4$ は**ブラケット系列**（Brackett series），$m = 5$ は**プント系列**（Pund series）と

呼ばれている。

ところで，式 (1-56) のボーアの振動数条件を式 (2-3) の光放出の形態に合わせて

$$E_n - E_m = h\nu \tag{2-4}$$

と表してみる。このエネルギーが式 (1-53) で表したエネルギーと等しいとすれば

$$\begin{aligned}\frac{1}{\lambda} &= \frac{\nu}{c} \\ &= \frac{E_n - E_m}{hc} \\ &= \frac{m_e q^4}{8\varepsilon_0 h^3 c}\left(\frac{1}{m^2} - \frac{1}{n^2}\right)\end{aligned} \tag{2-5}$$

を得る。ここで

$$R = \frac{m_e q^4}{8\varepsilon_0 h^3 c} \tag{2-6}$$

として各数値を代入して計算すると，$R = 1.097 \times 10^7 \,\mathrm{m}^{-1}$ が得られ，実験的に求められたリュードベリ定数の値と一致する。ボーアの量子理論によって水素原子の発光スペクトルは理論的にも完全に説明できるのである。

放電管の中に他の元素を封入した場合においても，水素分子と同様に，特徴的なスペクトル構造をもつ発光が得られる。実際に照明用途として用いられている放電管には，アルゴン，ネオン，クリプトン，キセノンなどの希ガスや，水銀，ナトリウム，ハロゲン化金属などの金属蒸気が封入されている。われわれの生活に身近な蛍光灯は，水銀を封入した放電管における発光現象を利用した光源であり，ここに概要を示しておく。

Fig. 2-4 に蛍光灯の基本構造を示す。蛍光灯は低圧下の水銀放電によって得られた紫外線光を蛍光体に照射し，得られた可視光を照明として利用している。蛍光灯の外観はよく知られているとおりであるが，蛍光塗料が塗られた円筒ガラス管の両端にフィラメントが装着され，内部に水銀蒸気，アルゴンガスが封入された構造となっている。

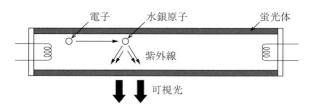

Fig. 2-4 蛍光灯の構造

通電によって高温となったフィラメントから電子(熱電子)が放出されるが，ガラス管の両端には電界が加わっているため，電子が加速され，ガラス管の内部で放電現象が生じる．加速された電子は水銀原子に衝突し，水銀原子は励起される(放電による原子の励起に関しては 3-5-1 項を参照のこと)．水銀原子は，基底状態に落ちるときに，励起準位との差に相当する波長 $0.25\,\mu\mathrm{m}$ の紫外線を発する．紫外線は視認できないが，この紫外線はガラス管内部に塗られた蛍光塗料に吸収され，可視光に変換される．蛍光塗料の種類により，白色，昼光色など，さまざまな可視域の発光スペクトルを得ることができる．フィラメントの劣化によって電極間で安定な放電を維持できなくなれば寿命となる．

2-2-2 発光ダイオード

LED は半導体デバイスであるダイオードの放射再結合という現象を利用した光源である．1962 年に発明された当初は応用範囲が限られていたが，20 世紀末からの技術革新により，現在では信号機，ディスプレイ，またはディスプレイのバックライト，看板，さらに照明など，LED はわれわれの生活に身近なところで幅広く用いられている．白熱電球，蛍光灯に比べて高効率，かつ長寿命，コストや輝度面でも有利であり，今後も普及が進むと考えられている．

LED の発光原理を理解するには，エネルギーバンド構造，半導体，pn 接合ダイオードなどの一般論の習得が必須となる．以下より，それぞれの概要を簡潔に述べておく．

(1) **エネルギーバンド構造**　LED の発光原理理解のため，まず，固体中

の電子分布について考えてみる。1-3 節では，水素原子における電子のエネルギー状態について述べたが，固体のような多数の原子の集合体においては，原子核の形成する静電電位が相互に影響を及ぼし合うために，単一原子に比べ電子のエネルギー状態は異なったものになる。多数の原子核内の電子は他の無数の原子核からの作用を受けてさまざまなエネルギー準位をもつことになり，これらは部分的に帯状に広がったような**エネルギーバンド**（energy band）を形成している。

Fig. 2-5 にエネルギーバンド図を示す。主量子数 n で定められる軌道群において，すべて電子で満たされているエネルギー準位帯のことを**充満帯**（filled band）という。原子核に強く束縛されてはいるが，固体の結合に関係する電子が存在している領域で，充満帯の最上部のエネルギー準位帯を**価電子帯**（valence band）と呼んでいる。原子核に強く束縛されず，固体内を自由に動き回れる伝導電子が存在する領域を**伝導帯**（conduction band），価電子帯と伝導帯の間で電子が存在できない領域を**禁制帯**（forbidden band）と呼ぶ。価電子帯の頂上と伝導帯の底のエネルギー差は**禁制帯幅**（band gap）と呼ばれ，半導体の電気的・光学的特性を評価する上で重要となる。

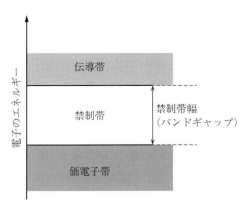

Fig. 2-5 エネルギーバンド図

（2）半 導 体 エネルギーバンド図を用いることで，導体，半導体，絶縁体を模式的に表すことが可能となる。**Fig. 2-6**（a）には導体を示している。

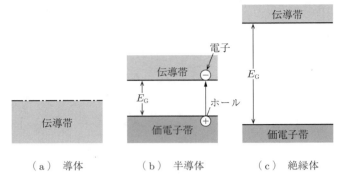

Fig. 2-6 導体,半導体,絶縁体のエネルギーバンド図

価電子帯と伝導帯の明確な区別ができず,電界などを加えることにより,電子が上準位に容易に励起され,伝導電子となる。つまり,容易に電流を流すことができる。Fig. 2-6(b)および(c)はそれぞれ半導体,絶縁体の場合である。伝導帯に存在する伝導電子数がきわめて少なく,電界によって電流を流すことが困難である。半導体と絶縁体の相違は禁制帯の幅による。半導体は禁制帯幅が狭く,室温程度の熱のエネルギーでも伝導帯に電子が容易に励起され,絶縁体に比べ伝導電子が幾分か多く存在する。

　励起される電子は価電子帯から来るものであり,価電子帯にはその電子の抜け穴ができ,それは正の電荷をもつ粒子として振舞う。この電荷粒子を**正孔**,または**ホール**(hole)と呼ぶ。伝導電子,ホールともに,電気伝導に寄与するので,結果として抵抗率が下がり,半導体は導体と絶縁体の中間の値の抵抗率を示す。禁制帯幅のエネルギーは絶縁体においては7 eV程度以上,半導体では1 eV程度となっているが,境界については明確には定義されていない。

　半導体は,禁制帯幅が狭いので,熱,電界,磁界,圧力,光,さらに不純物の添加などによって,電気的・光学的性質が簡単に変化する。これは半導体の諸特性が外部から何らかのエネルギーを与えることで人工的に制御可能であることを示している。半導体の幅広い制御性は人々が望む「デバイス」の提案・設計・製作,そして実現に大きく寄与することになった。承知のとおり,ダイオード,トランジスタ,LSIなど,エレクトロニクスの分野に革命的な発展を

（3）**再 結 合**　半導体に光が照射されると，光吸収が生じ，電子状態が変化する．特に禁制帯幅以上の光子エネルギーをもつ光照射では，**Fig. 2-7**に示すように，価電子がエネルギーを得て伝導帯に励起され，電子・ホール対が発生する．励起された電子は，暫時伝導帯に留まった後，エネルギーを失って価電子帯に遷移する．この過程で電子・ホール対が消滅することを**再結合**（recombination）という．再結合時にエネルギーを光の形で放出することを**放射再結合**（radiative recombination），熱の形（フォノン放出）で放出することを非放射再結合という．後述するが，LED は放射再結合によって発光している．

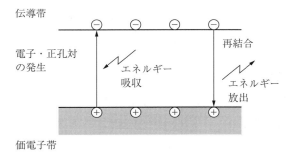

Fig. 2-7　再　結　合

（4）**不純物半導体**　半導体の電気的・光学的特性は不純物をドープすることによって大きく変化する．半導体材料として代表的なシリコン（Si）を例にとって考える．シリコンはⅣ族の物質であるが，そのシリコンに不純物としてⅤ族のリン（P）などをわずかに混入させたとする．シリコンの価電子4個に対し，リンの価電子は5個であるので，共有結合の形成において余った電子1個がリン原子に弱く束縛され，リン原子の周りで特別な軌道をとることになる（詳細については半導体工学などのテキストを参照のこと）．この余剰電子によるエネルギー準位は，**Fig. 2-8**に示すように，伝導帯底よりわずかの下位に形成される．余剰電子はわずかな熱や光のエネルギーで容易に伝導帯に励起され，伝導電子となる．このように半導体中に伝導電子を与える不純物を**ドナー不純物**（donor impurity）と呼び，形成される準位を**ドナー準位**（donor level）とい

44   2. 光源

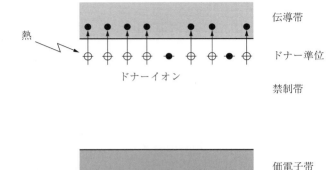

Fig. 2-8 n 形半導体のエネルギーバンド図

う。また，このタイプの不純物半導体を **n 形半導体**（n-type semiconductor）という。

つぎに III 族のホウ素（B）などの元素をシリコンに混入した場合について考えてみる。ホウ素は価電子が 3 個であり，シリコンと安定に共有結合を形成するには電子が 1 個足りない。シリコンから不足電子を 1 個奪うことにより安定化するが，シリコンは電子を奪われるので，そこにホールが形成される。このように，半導体中にホールを形成させる不純物のことを**アクセプタ不純物**（acceptor impurity）という。**Fig. 2-9** に示すように，アクセプタ不純物による**アクセプタ準位**（acceptor level）は価電子帯頂上のわずかの上位に形成され，わずかな

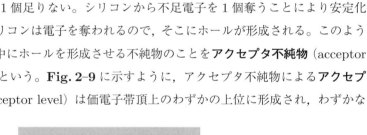

Fig. 2-9 p 形半導体のエネルギーバンド図

熱や光のエネルギーなどで価電子帯からの電子を受け入れる。この電子励起によって，価電子帯に生じたホールは電気伝導に寄与することになる。このタイプの半導体を **p 形半導体**（p-type semiconductor）と呼ぶ。

半導体では電気伝導に関わる粒子（電子，ホール）のことを一般にキャリアと呼んでいる。半導体中で密度の高いキャリアを多数キャリア，少ないほうを少数キャリアという。n 形半導体においての多数キャリアは電子，少数キャリアはホールとなる。一方で p 形半導体の多数キャリアはホール，少数キャリアは電子である。

（5） pn 接 合　　Fig. 2-10 に示すように，p 形半導体と n 形半導体を何らかの方法により接合した場合を考える。接合した境界面に近いところではキャリアの拡散現象が生じ，n 形領域の電子は電子の少ない p 形へ，p 形領域のホールはホールの少ない n 形へ移動する。ある程度の拡散が進むと，拡散を妨げる方向に電位の勾配が生じる（n 形側から p 形側への電界）。この電位勾配を

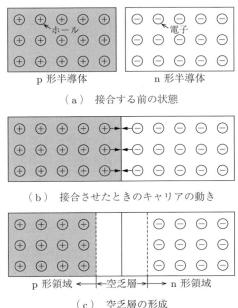

（a） 接合する前の状態

（b） 接合させたときのキャリアの動き

（c） 空乏層の形成

Fig. 2-10 pn 接合した半導体

拡散電位 (diffusion potential) という。結果として，境界面の近くの領域においては，正負の中和が生じキャリアのきわめて少ない空乏層 (depletion layer) が形成される。Fig. 2-10（c）は空乏層形成後の pn 接合した半導体の様子を示している。

さらに，**Fig. 2-11** には空乏層形成後のエネルギーバンド図を示す。拡散電位を V_D として，qV_D のエネルギー障壁が生まれ，キャリアの拡散が停止し，空乏層が形成される。

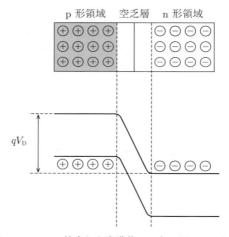

Fig. 2-11 pn 接合した半導体のエネルギーバンド図

（6）**LED の発光原理**　pn 接合した半導体に電界を加えると電流が流れるが，加えた電界の極性によって電流の大きさが変化する。Fig. 2-12 に示すように，p 形が正，n 形が負になるような電圧を加えたとする。加えられた電圧の大きさを V とすると，拡散電位によるエネルギー障壁は $q(V_D - V)$ となり，qV だけ低下する。その結果，電子およびホールが接合面のエネルギー障壁を通過できるようになり，それぞれ n 形，p 形の領域へ拡散する。つまり，外部回路に電流が流れる。このとき，電子とホールは接合部領域にて禁制帯を超えて再結合し，エネルギーを失い消滅する。電極からつぎつぎとキャリアが注入

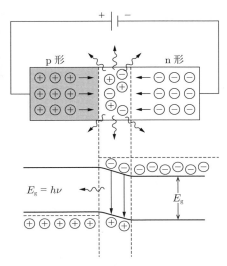

Fig. 2-12　pn 接合した半導体に順方向電圧を加えた場合

されるので，再結合は連続して生じることになるが，このとき放射再結合であれば外部に光が連続的に放出される。これが LED の発光原理である。

発光の波長は，Fig. 2-12 に示しているように，禁制帯の幅による。禁制帯幅のエネルギーの大きさを E_g として

$$E_g = h\nu \tag{2-7}$$

である。青色発光，つまり波長 0.4 μm 近傍の光を得たければ，適切な禁制帯幅の光半導体を設計すればよい。LED の場合，ガリウム，インジウム，リンなどの化合物半導体が材料として用いられる。照明用として用いられる白色 LED は 2 色以上の光を混ぜるか，青色あるいは近紫外光を蛍光体に照射するかの方法によって実現されている。

つぎに **Fig. 2-13** に示すように，n 形が正，p 形が負になるように大きさが V の電圧を加えると，ホールは負側へ，電子は正側に引きつけられて空乏層が広げられる。エネルギー障壁が $q(V_D + V)$ と大きくなり，少数キャリアのみが接合部領域を超えることができる。その結果，外部回路に流れる電流はきわめ

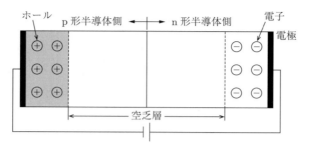

Fig. 2-13 pn 接合した半導体に逆方向電圧を加えた場合

て小さいものとなる。電圧の極性により，電流の流れやすさが異なる性質を整流作用という。また，Fig. 2-12 のように電流が流れやすい方向の電圧を**順方向電圧**（forward voltage）といい，Fig. 2-13 のように電流が流れにくい方向の電圧を**逆方向電圧**（reverse voltage）という。

pn 接合した半導体に電極を取り付けた電子デバイスを pn 接合ダイオード，あるいは単に**ダイオード**（diode）という。LED は，語源のとおり，ダイオードの一種である。**Fig. 2-14** にはダイオードの電圧-電流特性の一例を示している。LED も整流作用を示すことになるが，整流の用途には，通常はシリコンダイオードが用いられる。シリコンダイオードでは，再結合時のエネルギーは熱として外部に放出されている。

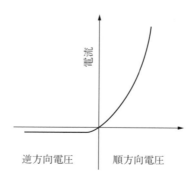

Fig. 2-14 ダイオードの電圧-電流特性

演 習 問 題

1. 太陽放射光のスペクトルは，おおむね，波長 $0.5\,\mu\mathrm{m}$ で最大強度となっている．黒体を仮定して，太陽の表面温度を推定せよ．

2. 波長 $0.45\,\mu\mathrm{m}$ で発光する青色 LED がある．禁制体幅（バンドギャップ）を示せ．

3. pn 接合した半導体におけるトンネル効果について調べよ．

第3章

レ ー ザ

　レーザ (laser) の呼称は，英語の「Light Amplification by Stimulated Emission of Radiation」の頭文字をとって造られたものである。日本語訳は「放射の誘導放出による光の増幅」となり，この中に，レーザの原理の理解において重要な意味が含まれている。レーザは，トランジスタなどを用いた通常の正弦波発信器と同様に，光の波長で正弦波状に振動する電磁波を発生する光源である。先に述べた LED と同様，電子の準位間遷移による光放出が発光のメカニズムとなっている。

　正弦波発信器は増幅回路に正のフィードバック回路を組み合わせて構成されるが，レーザも同様に，光増幅器に正のフィードバック機構を組み入れる。したがって，レーザの原理を理解するには，まず光増幅について学び，次いで光におけるフィードバック手法を学ぶ必要がある。この章ではレーザ開発の歴史，レーザの基本的性質を述べた後，光増幅の原理，レーザ発振の基本原理についての説明を行っていく。

3-1　レーザ開発の歴史

　ここでレーザ開発の歴史について簡潔に述べておく。レーザは，2-2-2 項で述べた LED と同様に，電子の準位間遷移を利用した光源である。レーザの歴史をさかのぼることは，エネルギーに原子的な構造が存在するというプランクの量子仮説にまで行き着くことになるが，ここではそこまで深く言及しない。

　レーザの語源は，先にも述べたように「放射の誘導放出による光の増幅」である。詳細は後述するが，誘導放出とは，1-3-2 項で述べた電子の準位間遷移による偶発的な電磁波（光）の放出とは異なり，外部からの電磁波（光）によっ

て誘導される電子遷移で生じる光放出のことをいう。誘導放出の考え方は，高温物質からの発光スペクトルを説明するために，1917年にアインシュタインによって提案された。レーザの歴史はここから始まったと考えることができる。

1917年以降，多数の科学者によって誘導放出が高効率で実現するための条件が追求された。誘導放出による電磁波の増幅・発振が最初に実現されたのは，光より振動数の低い（波長の長い）マイクロ波領域においてである。アメリカの科学者タウンズは，アンモニア分子を用いて波長1.25 cmのマイクロ波を連続的に発振させることに成功した。1951年のことである。これは当時**メーザ**（Maser, Microwave Amplification by Stimulated Emission of Radiation）と呼ばれる新技術となり，続けてマイクロ波よりも波長の短い光領域における「連続発振光」実現の期待が高まった。メーザの開発から遅れること6年，1957年にタウンズとショーローが光において誘導放出が実現できる可能性を示した。

世界で初めてレーザ発振が確認されたのは1960年のことである。アメリカの科学者メイマンは人工ルビー（サファイア単結晶にクロムイオンをドープしたもの）を用いてレーザ発振を実現した（ルビーレーザについての詳細は5-2-4項で述べる）。ルビーにフラッシュランプを巻きつけ，強力な光励起を行うことで，励起の間のみではあるが，赤色のパルスレーザ光を得た。それから1年後に，イランの科学者ジャバンが放電管に詰めたヘリウムとネオンの混合気体を放電励起し，Neから1.15 μmの近赤外域における連続レーザ発振を実現した。ほどなくして，ほぼ同じ構成でNeから赤色の連続発振レーザ光を得ることにも成功した（He-Neレーザについては5-1-1項を参照）。近年，光通信，DVD再生など，われわれの生活に身近なところで使用される半導体レーザ（LD）（5-4節参照）は，GaAsを媒質として，1962年に最初のレーザ発振が確認されている。当初の半導体レーザは連続発振不可，放熱のため液体窒素温度での冷却が必須であった。その後，さまざまな技術的な改良，改善が行われ，今日では，半導体レーザは長寿命，安定，安価な代表的レーザ光源として位置づけられるようになっている。半導体レーザの性能向上はエレクトロニクス技術との融合を推進し，それが多方面に応用される技術として進化している。

その後，数年の間に CO_2（炭酸ガス）レーザ（5-1-3 項参照），Ar^+（アルゴンイオン）レーザ（5-1-2 項参照），N_2（窒素）レーザ，不純物をドープした固体単結晶（5-2 節の固体レーザを参照）からのレーザ発振がつぎつぎと実現し，紫外から遠赤外にわたる領域にまで強力なレーザ光が得られるようになった。1970年代以降も紫外域で強力な光を発するエキシマレーザ（5-1-4 項参照），銅蒸気レーザに代表される金属蒸気レーザなどが開発されている。また，1990年代より，光ファイバの性能向上を起点として，コアに希土類などの不純物をドープしたファイバレーザ（5-5 節参照）が出現した。ファイバレーザは著しい勢いで高出力化が進み，レーザ加工応用など，次世代のレーザ光源として位置づけられている。現在においても，高効率，安価，取扱いの簡便さなどを追求したレーザ材料開発が継続して行われている。

　レーザ開発と並行して，レーザの制御技術についてのさまざまな提案がなされ，高出力化，短パルス化，波長変換などに対する方法論が明確となった。また，レーザ制御に関わるミラー，レンズ，光ファイバなどの光学素子にも性能向上のための技術的改良が加えられた。特に光ファイバの損失低減に関する成果は特筆すべきである。InGaAsP という 4 種の元素からなる半導体レーザの発振波長域が，偶然にも光ファイバの損失の小さい波長域と一致していたため，光通信が現実的なものとなり，急速に研究が進められた。今日，われわれの家庭に光ファイバケーブルが導入され，光インターネットが実現しているのは承知のとおりである。

　このように，レーザ開発の歴史は，誘導放出の理論をベースに種々の媒質におけるレーザ発振の実現と制御技術開発，周辺部品・機器の性能向上の繰返しである。現在においても，さまざまな技術的なブレークスルーを経て，レーザの性能はスパイラルアップし続けている。エレクトロニクス技術との融合を基本として，レーザは，今後も多方面に応用されるデバイスとして期待されている。

3-2 レーザの基本的性質

レーザも光であるので，反射・屈折など，光の一般的性質を有している。レーザには，それらに加えて，三つの特長的な性質が加わる。この節ではレーザ光に関する直感的なイメージを形成するため，まずはレーザ光の特長について述べていくことにする。

3-2-1 指　向　性

レーザは**指向性**（directivity）に優れた光源である。指向性に優れているというのは，光が高い精度で平行に進み，広がらないことを意味している。この性質はレーザ発振の原理から与えられるが，詳細は後述する。

懐中電灯の光は広がりながら進んでいく。懐中電灯の光源には白熱電球あるいは LED が用いられるが，1～2 m の距離では数十 cm の大きさに広がってしまう。広がる性質は照明用としては重宝されることになるが，光を集める，つまり集光用としては不向きである。レーザ光は，レーザポインタを想像すればわかるように，おおむね平行に直進する。小さな領域のみを照らすことになるので，照明用としての価値はないが，指向性に優れたレーザ光は簡単に集光できるという利点をもつ。**Fig. 3-1** にレーザ光と懐中電灯のような非平行光のレ

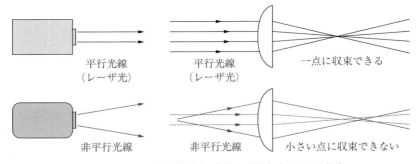

Fig. 3-1　レーザ光（平行光線）と非平行光線における集光

ンズによる集光の様子を示している．レーザ光の場合，光を1点に絞り込むことが容易であり，集光された箇所の電磁場（光強度）は巨大なものとなる．集光によるレーザの高輝度化を利用したレーザ加工など，さまざまな応用が展開されている．

実際のレーザ光は完全に平行光ではなく，回折の影響により，多少広がりながら進む．したがって，レーザ光をレンズなどで集光しても，レンズ焦点面でのレーザ光の直径は有限の空間的大きさをもつ．

3-2-2 単 色 性

光のスペクトルに一つの色成分しか含んでいない光のことを**単色性**（monochromatism）をもつ光という．色は波長と密接に関係するので，単一波長あるいは単一振動数の光と表現することもできる．

レーザはきわめて単色性に優れた光である．したがって，プリズムなどを用いて分光しても，元の色と異なる色が現れることはない（**Fig. 3-2**）．レーザが単色になるのは，指向性と同様に，レーザ発振の原理に関わる．

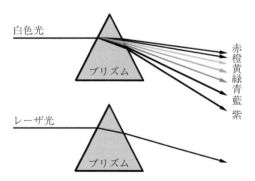

Fig. 3-2 プリズムによる分光（レーザの単色性）

実際のレーザ光は，エネルギー準位の縮退，波の不確定性などの要因により，完全に単色，単一波長ではなく，非常に狭い範囲の波長成分を含んでいる．単色性をもつ光源としては他にLEDが挙げられるが，LEDはレーザに比べて広い範囲の波長成分を含んでいる．

3-2-3　可干渉性

蛍光灯，白熱電球などの光はさまざまな波長の成分を含み，さらに波の位相が揃わず，ランダムな方向に進んでいる。一方でレーザ光は単色性を有し，正弦波発信器のように位相の揃った規則正しい波であり，波に特徴的な回折や干渉の現象を容易に視認することができる。蛍光灯，白熱電球などの光においても回折・干渉は生じるが，波に規則性のない波連の集まりであるので，回折・干渉が生じても短時間で消滅してしまい，長時間にわたって視認することは難しい。回折・干渉が生じやすい性質のことを**可干渉性**（coherence）という。一般には英語表現のコヒーレンスと呼ばれることのほうが多い。レーザ光はきわめてコヒーレンスに優れた光である。

コヒーレンスは，光の位相間に一定の関係が保たれているか否か，つまり位相間の相関関係を評価することによって定量化される。異なる時間で発生した光が干渉を起こす度合いを**時間コヒーレンス**（temporal coherence）と呼び，異なる空間で発生した光が干渉を起こす度合いを**空間コヒーレンス**（spatial coherence）と呼んでいる。光のコヒーレンスはこの2種類で評価されている。

時間コヒーレンスの説明や評価には，**Fig. 3-3**に示す**マイケルソン干渉計**

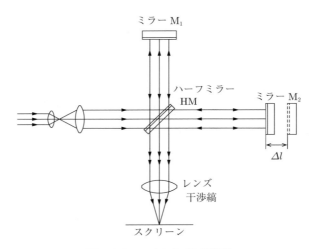

Fig. 3-3　マイケルソン干渉計

(Michelson's interferometer) がよく用いられる．マイケルソン干渉計では，光源からの光をハーフミラー HM（反射率，透過率がそれぞれ 50% の鏡）で二つに分け，その反射光および透過光をミラー M_1 および M_2 で垂直反射させ，再びハーフミラー HM に到着させてスクリーン上で重ね合わせる．仮にハーフミラー HM と M_1，M_2 とのそれぞれの距離が等しければ，同じ時刻に発せられた光どうしがスクリーン上で重なることになり，干渉縞を観測することができる．

いま，ミラー M_2 を Fig. 3-3 に示すように距離 Δl 移動させると，干渉縞の明暗が変化する．この場合，スクリーン上に重なったそれぞれの光は異なる時刻に光源から発せられたことになるが，位相間に相関関係がある場合は干渉縞が観測される．光源の波長を λ として，干渉によって光が強めあう条件は，スクリーン上で同位相の光が重なればよいので，式 (1-12) を参照して

$$2\Delta l = n \cdot \lambda \quad (n = 1, 2, 3, \cdots) \tag{3-1}$$

となる．一方，弱めあう条件は，逆位相の光の重なり合いを示すので

$$2\Delta l = (n-1) \cdot \lambda/2 \quad (n = 1, 2, 3, \cdots) \tag{3-2}$$

である．

光源が，仮にどこまでも継続している正弦波であれば，Δl がどれだけ大きくなっても干渉縞は現れる．このような光は「完全に時間的にコヒーレントな光」と呼ぶことができるが，現実には存在し得ない．正弦波の周期を T として，振動数は $\nu = 1/T$ と表すことができるが，光のスペクトルは波の不確定性に起因した広がりをもつので，光が干渉し得る距離 Δl は有限の値となる．干渉縞が現れる限界の距離 Δl を**コヒーレンス長**（coherence length）という．コヒーレンス長を光速で割ると時間の単位となるが，これを**コヒーレンス時間**（coherence time）と呼んでいる．コヒーレンス長を L_c，コヒーレンス時間を τ_c とすると，それぞれの関係は以下のように示される．

$$L_c = c\tau_c, \quad \tau_c = \frac{1}{\Delta\nu} \tag{3-3}$$

ここで $\Delta\nu$ は光のスペクトル幅（振動数の広がり）である．線スペクトルに近

い，単色性を有する光源は時間コヒーレンスに優れることになる。レーザの場合は，数 m から数百 km にも及ぶコヒーレンス長となる。単色光源といわれる LED のコヒーレンス長は mm のオーダであり，レーザはきわめて時間コヒーレンスに優れる光源であることがわかる。

　空間コヒーレンスの評価には，通常，先に述べたヤングの実験が用いられる。Fig. 1-8 において，ピンホールの間隔 d を大きくしていけば，干渉縞の明暗の位置が変化する。この理由は，ピンホール間隔を変化させたことによって，スクリーン上で干渉する光の発せられた空間位置が異なってくるためである。ピンホールに入射する前の光が空間的にどこまでも続く平面波であれば，ピンホール間隔 d をどこまでも大きくしても干渉縞が観測できるが，もちろんそのような光は存在し得ない。通常，光は空間的に有限な大きさをもち，さらに平面波であっても回折現象のために波面は乱れ「完全な平面波」ではない。したがって，ピンホール間隔 d の増加とともに，ピンホールから発する光位相の相関関係が低下し，干渉縞が観測できなくなる。干渉縞が現れる限界の距離から面積の単位で光の**空間コヒーレンス領域**（spatial coherence area）を求めることがある。レーザは指向性に優れる光源であり，完全な平面波に近い伝搬特性をもつため，空間コヒーレンスにも優れる光源である。空間コヒーレンスの程度は，得られた干渉縞の**コントラスト**（contrast）で判定される。コントラストは

$$C = \frac{I_{\max} - I_{\min}}{I_{\max} + I_{\min}} \tag{3-4}$$

で表され，$I_{\max}$ は干渉縞の明部の最大光強度，$I_{\min}$ は暗部の最低光強度である。$C = 1$ で「完全に空間的にコヒーレントな光」となる。レーザ光は $C \fallingdotseq 1$ である。

3-3　レーザの原理

　先に述べたように，レーザは「誘導放出による光の増幅」が語源となっている。したがって，レーザの基本原理を理解するには，光増幅の要因となる誘導

放出と呼ばれる現象について知る必要がある。

3-3-1 自然放出と誘導放出

物質は多数の原子で構成されており，おのおのの原子が複数のエネルギー準位に分布している。原子や分子における電子のエネルギー状態は離散的であり，これをエネルギー準位図として模式的に表すことはすでに述べた。話を単純化するため，上準位 E_2 と下準位 E_1 という二つのエネルギー準位のみをもつ原子について考察してみる。

光の吸収と放出は，1-3-2 項で述べたように，エネルギー準位 E_1, E_2 においてボーアの振動数条件，すなわち

$$E_2 - E_1 = h\nu \tag{3-5}$$

に従って原子が遷移する際に起こる現象のことである（**Fig. 3-4**）。

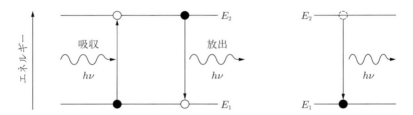

Fig. 3-4 光の吸収と放出　　　**Fig. 3-5** 自然放出による光放出

外部から E_2, E_1 のエネルギー差に相当する $E_2 - E_1 = h\nu$ の光を入射すると，E_1 にある原子は光に共鳴してそのエネルギーを吸収し E_2 に励起される。これを吸収と呼ぶことは 1-3-2 項で述べたが，吸収は原子と共鳴する特定の波長（振動数）において生じる現象であり，その度合いは入射される光子数に比例する。入射された光子は吸収によって消滅するが，消滅した光子が有していたエネルギーを原子は獲得する。励起準位 E_2 にある原子は一般に不安定であり，短時間で安定な準位である E_1 に移ろうとし，このときに吸収で得たエネルギーに応じた光を放出する。この場合の光放出は偶発的に生じることから**自**

然放出 (spontaneous emission) と呼ばれている (**Fig. 3-5**)。自然放出による光は，無数の電子励起された原子・分子から無秩序に放出されるため，位相が揃っておらず，コヒーレンスは低い。

自然放出は $E_2 - E_1 = h\nu$ の発光のため，そのスペクトルは単一の線スペクトルになると考えられる。しかしながら，実際の物質では原子や分子が E_2 の上準位に留まる時間が有限であり，不確定性原理により，エネルギー E_2 の値が不確定となり，自然放出光のスペクトル線は幅をもつことになる。このスペクトル線の広がりはすべての原子・分子について同一であるため**均一広がり** (homogeneous broadening) と呼ばれ，以下に示すローレンツ形のスペクトル形状を有する。

$$f(\nu) = \frac{\Delta\nu}{2\pi\left[\left(\dfrac{\Delta\nu}{2}\right)^2 + (\nu - \nu_0)^2\right]} \tag{3-6}$$

ここで $\Delta\nu$ はスペクトルの半値全幅，ν_0 は発光の中心振動数である。ローレンツ形のスペクトルは **Fig. 3-6** に示すような形状となる。

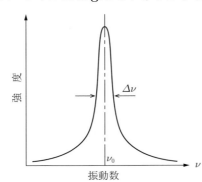

Fig. 3-6 ローレンツ形の光スペクトル

励起状態の原子が下準位に遷移するまでの時間を**緩和時間** (relaxation time) あるいは**平均寿命** (life time) という。緩和時間は物質の種類，励起準位などでさまざまな値となり，さらに同じエネルギー準位中の原子は無数にあると考えられるので，確率的に表されることもある。緩和時間の逆数を E_2 から E_1 への**遷移確率** (transition probability) という。

緩和時間は，通常，ピコ秒あるいはナノ秒程度であるが，特定の原子のエネルギー準位においてはミリ〜マイクロ秒と非常に長いものもある．緩和時間の長い準位を**準安定準位**（metastable level）といい，光増幅・レーザ発生において重要な役割を担う．

レーザ発生のためには，自然放出を**誘導放出**（stimulated emission）という形態に変化させる必要がある．励起準位 E_2 にある原子が偶発的に下準位に遷移する前，つまり緩和時間以前に，外部から E_2, E_1 のエネルギー差に共鳴する $E_2 - E_1 = h\nu$ の光が入射されたとする．このとき，E_2 の原子は入射光に誘導され，入射光と同振動数，同位相で同方向に進む光を放出して E_1 に遷移する．この場合の光放出を誘導放出という．誘導放出によって発生した光は入射光に加わり，入射光の振幅を増大させる．**Fig. 3-7** は誘導放出の過程を模式的に示している．

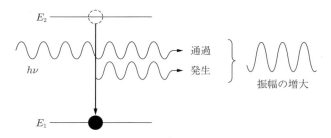

Fig. 3-7 誘導放出による光放出

誘導放出によって光増幅を行うには，あらかじめ多数の原子を励起状態にしておく必要がある．レーザ発生においては，光，放電，電流，電子ビームなどを用いて原子や分子にエネルギーをあらかじめ与え，励起状態を形成させておく．これを特に**ポンピング**（pumping）と呼んでいる．

誘導放出による光増幅はどのような条件下でも生じるものではない．例えば励起準位の原子数と下準位の原子数が同数であった場合，入射した多数の光子は，確率的に，半数が吸収にエネルギーを費やされて消滅し，残りの半数が誘導放出によって新たな光子を生じさせる．したがって，入射した光子と出射す

る光子の総量には変化がなく，トータルでは増幅作用は生じない。また，励起準位の原子数のほうが少なければ吸収される光子数のほうが多くなり，結果として入射光は減衰することにもなる。光増幅を生じさせるには，励起準位の原子数が下準位より多いことが必須の条件になる。

3-3-2 反 転 分 布

温度の高い物体と低い物体を接触させて放置したとすると，熱が高温側から低温側に伝達し，十分に長い時間が経過すると熱伝達はもはや起こらず，全体がある温度で一定となる。この状態を**熱平衡**（thermal equilibrium）状態という。熱伝達の実態は，高温側物体の原子の運動エネルギーが低温側に伝わったことに他ならない。原子がある温度において有するマクロな運動エネルギー（内部エネルギー）は，ミクロには，1-2節で述べたように量子化され，離散的なエネルギー分布をもつ。

熱平衡状態の系がエネルギー準位 E_n $(n = 1, 2, 3, \cdots)$ をとり得る場合，それぞれの準位に存在する原子の数 N_n は，一般に

$$N_n = N_T \frac{\exp(-E_n/kT)}{\sum_n \exp(-E_n/kT)} \tag{3-7}$$

で示される**ボルツマン分布則**（Boltzmann's law of energy distribution）に従うことが多い。ここに N_T は全原子数，k はボルツマン定数，T は絶対温度である。

Fig. 3-8 にボルツマン分布則に従った原子のエネルギー状態を示す。熱平衡状態においては，上準位より下準位の原子数のほうが多く，高いエネルギー準位ほど，急激に原子数が少なくなる。エネルギー準位 E_1 および E_2 における単位体積当りの原子数をそれぞれ N_1，N_2 とすると，式 (3-7) より，各準位の原子数の分布比は

$$\frac{N_2}{N_1} = \exp\left(-\frac{E_2 - E_1}{kT}\right) \tag{3-8}$$

と示される。式 (3-8) の対数をとると，エネルギーは $E_2 > E_1$ なので，$N_2 < N_1$

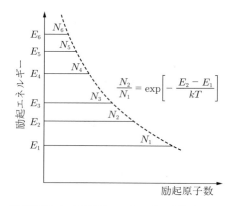

Fig. 3-8 熱平衡時における原子のエネルギー状態（ボルツマン分布則）

において式は成立する．したがって，外部から E_2, E_1 のエネルギー差に共鳴する光子を入射したとしても，誘導放出より吸収のほうが支配的となり光増幅は生じない．光増幅には，$E_2 > E_1$ において $N_2 > N_1$ を実現させる必要がある．この状態を**反転分布**（population inversion）という．$E_2 > E_1$ で $N_2 > N_1$ となるには式 (3-8) において絶対温度 T を負にする必要がある．T が負になるのはあり得ないが，仮想的な負の絶対温度を定義し，反転分布の状態を**負温度**（negative temperature）状態と表現することもある．

　光増幅を定性的に説明してみる．E_1, E_2 の 2 準位系において，E_2 から E_1，および E_1 から E_2 への遷移確率をそれぞれ W_{21}, W_{12}（遷移確率の単位は時間の逆数）とすると，外部から光子を入射した際に誘導放出で発生する単位体積当りの正味の光子数 P_2 は

$$P_2 = N_2 W_{21} \tag{3-9}$$

と示される．一方，吸収によって消滅する正味の光子数 P_1 は

$$P_1 = N_1 W_{12} \tag{3-10}$$

である．誘導放出と吸収の遷移確率が等しいとして，これを W とすると，全体としての光子数は

$$P_2 - P_1 = (N_2 - N_1)W = \Delta NW \tag{3-11}$$

と表すことができる。ここで $\Delta N = N_2 - N_1$ であり，反転分布密度という。$\Delta N > 0$ の場合，つまり反転分布の際は光子が増加（$P_2 - P_1 > 0$）するため光増幅となり，$\Delta N < 0$ のボルツマン分布では光吸収が支配的となり，外部から入射した光子は減衰する。$\Delta N = 0$ では増幅，減衰が同じ割合で生じることになるので，光子数の変化は生じない。つまり，光に対して透明ということになる。

式 (3-11) は ΔN の大きさによって増幅の割合が決定されることを示している。反転分布形成時に大きな ΔN を実現するには，強力なポンピングが必要となり，また，実際にレーザ発振を起こすためには反転分布の状態を一定時間保持しなければならない。一般には，準安定準位を含む3準位あるいは4準位を用いて反転分布を形成させる場合が多い。

Fig. 3-9 に3準位および4準位における反転分布の形態を示す。図（a）に示す3準位の場合，エネルギー準位 E_2 が準安定準位に相当する。準安定準位は，先に述べたように，緩和時間がミリ～マイクロ秒と非常に長い特異な準位のことである。ポンピングによって E_1 から E_3 へ原子を励起し，E_3 から E_2 に遷移した原子を一定時間蓄積することによって E_1 との間で反転分布を形成させる。E_3 準位の平均寿命はナノ秒程度と非常に短く，また，光放出を伴わない**非放射遷移**（non-radiative transition）となる。この場合のエネルギー放出

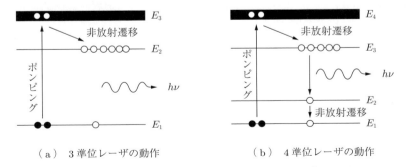

（a）3準位レーザの動作　　　（b）4準位レーザの動作

Fig. 3-9 3準位および4準位における反転分布

は熱などの形態で行われる。図（b）の4準位では，準安定準位が E_3 となっており，E_3 と E_2 との間で反転分布が実現される。

3準位の場合は E_1 が基底準位となるため，反転分布を継続的に実現するにはつねに E_1 の原子数を減少させるための強励起が必要となる。一般に4準位を用いた反転分布のほうが形成させやすい。

3-3-3 光増幅器の利得

つぎに **Fig. 3-10** に示すような光増幅器を想定して，増幅の度合いを求めてみる。光増幅器はポンピングによって反転分布状態にあり，いま，その単位断面積，かつ微小領域 $x \sim x+dx$ の間を考える。微小領域入口の単位断面積，単位時間当りの光子数を $p(x)$，微小領域で発生した単位断面積，単位時間当りの光子数を $dp(x)$ とする。$dp(x)$ は，式 (3-11) で示した光子数 ΔNW に微小領域の長さ dx を掛けたもので表すことができる。すなわち

$$dp(x) = \Delta NW dx \tag{3-12}$$

となる。ここで遷移確率 W は

$$W = \sigma(\nu)p(x) \tag{3-13}$$

と表すことができる。$\sigma(\nu)$ は，次元解析から，誘導放出による遷移に関する原子の実効的な断面積を示すことになり，**誘導放出断面積**（cross-section of stimulated emission）と呼ばれる量である。$\sigma(\nu)$ が振動数 ν の関数になって

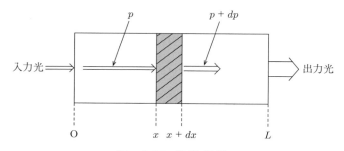

Fig. 3-10 光増幅器

いるのは，有限の緩和時間によるスペクトル広がりを考慮したためである（増幅の帯域は波の不確定性によりわずかに広がる）。式 (3-13) を式 (3-12) に代入すると

$$\frac{dp(x)}{dx} = \Delta N \sigma(\nu) p(x) \tag{3-14}$$

が得られる。変数分離すると

$$\frac{dp(x)}{p(x)} = \Delta N \sigma(\nu) dx \tag{3-15}$$

となり，これを解くと

$$p(x) = p(0) \exp[\Delta N \sigma(\nu) x] \tag{3-16}$$

を得ることができる。ここで，$p(0)$ は $x = 0$ のときの初期の光子数（初期条件）を示している。反転分布下の増幅器に入射された光子 $p(0)$ は式 (3-16) に従って増加していく。さらに

$$\alpha(\nu) = \Delta N \sigma(\nu) \tag{3-17}$$

として，式 (3-16) を書き直すと

$$p(x) = p(0) \exp[\alpha(\nu) x] \tag{3-18}$$

となる。$\alpha(\nu)$ は増幅器の単位長さ当りの正味の利得を示しており，**利得係数**（gain coefficient）またはゲイン係数と呼ばれている。光は利得係数，増幅器の長さに応じて指数関数的に増幅されていくのである。

増幅器の全長 L にわたる**利得**（gain）は，入射光子数と出射光子数の比で定義できるので

$$G(\nu) = \frac{p(L)}{p(0)} = \exp[\alpha(\nu) L] \tag{3-19}$$

と表すことができる。

増幅器の反転分布がくずれ熱平衡状態になったとすると，$\Delta N < 0$ であるので，式 (3-17) より利得係数 $\alpha(\nu)$ は負の値となり，入射された光子は減衰す

る。この場合，$\alpha(\nu)$ は一般に**吸収係数**（absorption coefficient）と呼ばれ，式 (3-19) を書き換えると

$$p(L) = p(0) \exp[-\alpha(\nu)L] \tag{3-20}$$

となり，有名な**ランベルト–ベール則**（Lambert-Beer law）と呼ばれる物質による光の吸収に関する法則を示すことになる。

3-3-4 利得飽和

光増幅器の利得は，式 (3-17) で示したように，反転分布密度 ΔN で決まる。ΔN はポンピングの強さによって決まる量であるが，光増幅器に入射光があれば原子系のエネルギーが誘導放出によって減少するので，ΔN も減少する。ΔN の減少により利得が下がることを**利得飽和**（gain saturation）という。利得飽和によって下がる反転分布密度 ΔN_R は，以下のように示すことができる。

$$\Delta N_\mathrm{R} = \frac{\Delta N}{1 + \dfrac{p(0)}{p_\mathrm{s}}} \tag{3-21}$$

ここで p_s は飽和強度と呼ばれる量で，$p(0) = p_\mathrm{s}$ で ΔN_R は ΔN の半分となる。式 (3-17) を用いて利得を示すと

$$G(\nu) = \exp\left[\frac{\Delta N}{1 + \dfrac{p(0)}{p_\mathrm{s}}} \sigma(\nu) L\right] \tag{3-22}$$

となる。増幅器に入射する光子 $p(0)$ が極端に大きくなると利得飽和が顕著となり，増幅作用に影響を与えるが，光増幅器のエネルギー利用率という観点では，利得飽和は大きいほうが望ましい。$p(0)$ が小さいときは大きな利得で増幅できるが，これは言い換えれば，反転分布によって原子系に蓄積されたエネルギーを効果的に利用できていないことを意味する。$p(0)$ を大きくして，反転分布密度を下げる，つまり下の準位に多数の原子を落としたほうがエネルギーの利用率は高くなる。また，利得飽和は，次項で述べるレーザ発振出力の安定化において，重要な役割を担う。

3-3-5 レーザ発振と光共振器

レーザ光を光増幅器から連続的に取り出すためには，**発振**（oscillation）状態を実現させる必要がある。通常の正弦波発信器と同様に，レーザ光の場合も増幅器に正のフィードバックをかける（増幅器出力信号の一部を入力信号に加える）ことで，レーザ発振を実現させている。

Fig. 3-11 に利得 G を有する光増幅器に適当なフィードバック率（帰還率）で正のフィードバックを行った際のブロック図を示す。I_i として入力された信号がフィードバックループ内を進行することによって出力 I_o が増大されていく。正のフィードバックにおいて，出力 I_o と入力 I_i の関係は

$$I_o = \frac{G}{1 - G\beta} I_i \tag{3-23}$$

と示すことができる。ここに β はフィードバック率であり $\beta < 1$ である。

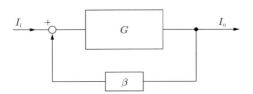

Fig. 3-11 正帰還型発振器

反転分布が形成されているときの光増幅器の利得は $G > 1$ であり，強力なポンピングの継続とともに何らかの方法で光増幅器の出力の一部を入力にフィードバックすると，$G\beta$ 積の値が 1 に近づいていき，出力 I_o が増大していく。$G\beta = 1$ となれば $I_o = \infty$ となり，入力 $I_i = 0$ でも，有限の出力が得られる状態，いわゆる発振状態となる。

フィードバックによる発振の例としてはハウリングがある。マイクに音声信号を入力すると，音声はアンプで増幅された後，スピーカより出力される。スピーカの出力が十分に大きく，マイクとスピーカ間の距離が短い場合，不快感を伴う音声がスピーカより発せられることがある。この現象のことをハウリングというが，ハウリングはスピーカ出力の一部がマイクにフィードバックされ

たことによって生ずる発振現象である。ハウリングの問題はマイクとスピーカの距離を長くしたり（β を小さくする），アンプのゲインを小さくしたり（G を小さくする）することで解決できる。つまり，式 (3-23) において，$G\beta$ 積の値を小さくする処置が有効である。

　光増幅器で増幅された光出力を入力に戻すためには，通常，反射鏡（以下よりミラーと表記）が用いられる。式 (1-2) で示した反射の法則より，光の進行方向に対して 90° にミラーを設置すると，180° の反射，つまり光を逆方向に進行させることができる。逆方向に進行した光は再度増幅器を通過し，増幅を受ける。増幅後，さらに，進行方向に対して 90° にもう 1 枚のミラーを設置すると，光の往復ループ中に増幅器が存在する状態を作り出すことができる。すなわち，レーザ発振実現のために，光増幅器をはさんで平行に 2 枚のミラーを向かい合わせて配置するのである。

　この様子を示したのが **Fig. 3-12** である。2 枚のミラーの組合せを**光共振器** (optical resonator) あるいは単に**共振器** (resonator) と呼んでいる。2 枚のミラーの光に対する反射率が共に 100%（$\beta = 1$）であれば，外部にレーザ光を取り出すことが不可能となる。したがって，通常はミラーのどちらか一方の反射率を数%程度小さくして外部に光を取り出している。Fig. 3-12 では，紙面に向かって右側のミラーの反射率が小さいことを想定している（右側のミラーを部分反射ミラーと呼ぶ）。光増幅器によって増幅された光は双方のミラーで反射を繰り返しながらさらに光強度を増大していき，ついには発振状態に至る。

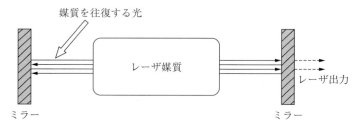

Fig. 3-12 光共振器と光増幅器

3-3-6 光共振器と縦モード

正のフィードバックを実現するには入力光の位相とフィードバック光の位相を一致させる必要がある。光共振器における二つのミラー間の距離を光の波長の整数倍 (n 倍) とすれば，**Fig. 3-13** に示すように，光共振器中に**定在波** (standing wave) が立ち，入力光の位相とフィードバック光の位相が完全に一致する。光共振器の長さ (二つのミラー間の距離) を L とすると，光共振器内に存在できる定在波の振動数 ν は次式のように示すことができる。

$$\nu_n = \frac{c}{2L} n \quad (n = 1, 2, 3, \cdots) \tag{3-24}$$

ここで c は光速である。式 (3-24) で示される振動数のことを**共振振動数** (resonance frequency) という。光共振器の内部には光増幅器が存在しているので，特定の振動数，位相の光のみが増幅される。2枚のミラーペアを「光共振器」と呼んでいるのは，ミラーペアで光を閉じ込めることによって，共振した特定の振動数，位相の光のみに対して増幅作用が生じることによる。共振振動数を波長で表現すると

$$\lambda_n = \frac{2L}{n} \quad (n = 1, 2, 3, \cdots) \tag{3-25}$$

となる。

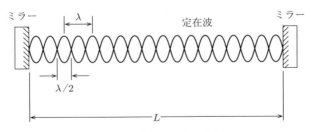

Fig. 3-13 光共振器中の定在波

式 (3-24) (および式 (3-25)) で示した振動数 (波長) の光のような離散的なスペクトル分布の形態を**縦モード** (longitudinal mode) と呼んでいる。縦モード間隔 $\delta\nu$ は

$$\delta\nu = \frac{c}{2L} \tag{3-26}$$

と示される。**Fig. 3-14** に光共振器における共振周波数，縦モードを示す。

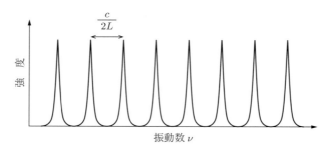

Fig. 3-14 光共振器の縦モード

光の波長は光共振器の長さに比べてきわめて短いので，通常，n は非常に大きな値となる。波長 $\lambda = 0.5\,\mu\mathrm{m}$，共振器の長さ $L = 1.0\,\mathrm{m}$ として，$n = 4.0 \times 10^6$ となり，光共振器には 400 万ほどの多数の共振振動数，つまり縦モードが存在することになる。しかしながら，誘導放出による光増幅は上準位と下準位のエネルギー差（$E_2 - E_1 = h\nu$）に相当する狭い振動数の利得範囲（狭い波長の利得範囲）において生じるので，最終的にはその利得範囲のいくつかの振動数においてレーザ発振が生じる。**Fig. 3-15** にその様子を示す。この図においては，つぎの 3-3-7 項で述べる光共振器の損失も考慮されている。

複数の縦モードが同時に発振している状態は，レーザ動作において，発振周波数（波長）が安定していないことを意味している。応用において，発振周波数の安定化が重要となる場合は，**単一縦モード**（single longitudinal mode）発振実現のための工夫がなされる。その代表的な方法は光共振器内に周波数選択素子としての**エタロン板**（etalon plate）を挿入することである。エタロンは，一般に，**ファブリ・ペロー干渉計**（Fabry-Perot Interferometer）として知られており，分光用途などに広く用いられているものである。

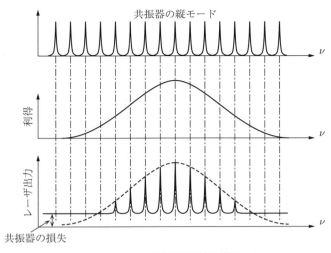

Fig. 3-15 レーザ発振における縦モード

3-3-7 レーザの発振条件

レーザ発振が安定に生じるには,光増幅器の利得が光共振器内部の損失を上回っていなければならない.出力光の取出しに部分反射ミラーが用いられており,これが光共振器内部における大きな損失となる.いま,光共振器を構成する部分反射ミラーの反射率を R,もう一方のミラーの反射率が 100% であったとすると,光共振器からのレーザ出力 I_o は,式 (3-23) より

$$I_o = \frac{(1-R)G(\nu)}{1-RG(\nu)^2} I_i \tag{3-27}$$

と示すことができる.ここで I_i は光共振器への光入力,$G(\nu)$ は光増幅器の利得を示す.レーザの発振条件は,式 (3-23) において $G\beta \geq 1$ であるから

$$RG(\nu)^2 \geq 1 \tag{3-28}$$

となる.光増幅器の利得 $G(\nu)$ は,共振器の長さを L として,式 (3-19) より

$$G(\nu) = \exp[\alpha(\nu)L] \tag{3-29}$$

で与えられるから,これを式 (3-28) に代入すると

$$R \exp 2[\alpha(\nu)L] \geq 1 \tag{3-30}$$

を得ることができる．レーザ光の光共振器内の伝搬には回折損失が伴い，さらにミラー表面の不完全さによる散乱など，光共振器の損失要因は複数ある．部分反射ミラーによるもの以外の光共振器の損失をまとめて単位長さ当りの損失係数 α_d として表記すると，レーザ発振の条件は

$$R \exp 2[(\alpha(\nu) - \alpha_d)L] \geq 1 \tag{3-31}$$

と示される．

3-3-8 光共振器から出力されたレーザ光の性質

　光共振器内に置かれた光増幅器をポンピングすると，ポンピング開始当初はいくつかの励起された原子からの自然放出が支配的となるが，反転分布の形成とともに，この自然放出光がきっかけとなりつぎつぎと誘導放出が起こり，光増幅が各所で生じるようになる．増幅された光のうち，共振器を構成するミラーに垂直な成分は，ミラー間で何度も何度も反射を受けるので増幅されながら光共振器内を往復する．増幅によって光強度は増大するが，光増幅器に蓄積されたエネルギーを超えることは原理的にあり得ない．3-3-4 項で述べたように，利得飽和が生じるのである．光強度の増幅特性は光が多数回増幅器を通過することに伴い飽和傾向を示し，最終的には平衡に達して安定化する．この安定化した状態がレーザ発振を示すことになる．

　レーザ光は光共振器内部を往復している間にその性質を変化させていく．光増幅器は，Fig. 3-15 に示したように，曲線状の利得帯域をもつので，利得の最も大きな波長帯の光が最も大きく増幅される．レーザ光のスペクトル幅は，光共振器内での多数回の増幅によりその裾野が減少して，きわめて狭くなっていく．レーザ発振の段階では，スペクトルは単一波長（単一振動数）と呼んでも差し支えないレベルにまで到達する．また，増幅は誘導放出によるものであり，出力される光の位相は規則正しく揃い，高いコヒーレンスを有するようになる．さらに，Fig. 3-13 において光共振器間を多数回往復できるのはミラーに垂直に

近い成分であり，出力されるレーザ光が指向性に優れるものになることが容易に想像できる．3-2 節で述べたレーザ光の基本的性質は，光共振器によるレーザ発振において生み出されるのである．

3-3-9 光共振器と横モード

レーザ光の進行方向に垂直な方向の強度分布または電磁界分布のことを**横モード**（transverse mode）という．横モードは，レーザ発振の際に，ミラーに完全に垂直な光の成分とそうではない成分が引き起こす干渉現象に起因して生じる．

いま，**Fig. 3-16** に間隔 L で配置された共振器の片方のミラーの中心 O から発する波長 λ の光を考える．O からの光は，回折によって広がるので，他方のミラーに到着する際，光軸に沿う成分（図中の点 P）と光軸から Δx の距離離れて点 Q に到着する成分から構成されると考えることができる．OQ の距離 L_T は，光の拡がり角を $\Delta\theta$ として

$$L_\mathrm{T} = \frac{\Delta x}{\Delta \theta} \tag{3-32}$$

と示すことができる．ここで，L と L_T の光路差

$$\Delta L = \frac{\Delta x - L\Delta\theta}{\Delta\theta} \tag{3-33}$$

の大きさが $\lambda/2$ であったとすると，点 P と点 Q の光の位相は 180° 反転する．その結果，干渉によって，レーザ光の強度は打ち消し合い，レーザ光の空間強

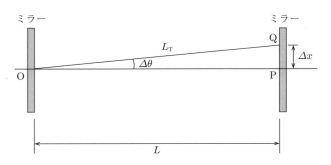

Fig. 3-16 空間方向におけるレーザ光の干渉

度分布にレーザ光の存在しない部分が現れるようになる。また，$\Delta L = \lambda$ となる位置では，点 P と点 Q は同位相となりレーザ光は強めあう。このように，光共振器を構成するミラーの面では，光の回折・干渉現象のため，レーザ光が複雑な強度分布をもつ場合があり，横モードは強度分布の姿態を表す用語となっている。

ミラー面において干渉による強度分布への影響がない場合，レーザ光の強度分布は正規分布（ガウス分布）となる（この詳細については 3-3-11 項で述べる）。この場合を特に**単一横モード**（single-transverse mode）あるいは**単一モード**（single-mode）という。また，単一モード以外の発振形態を**多モード**（multi-mode）と表現している。

レーザ光は電磁波であり，電場と磁場によって構成される横波である。横モードはそれらの英語表記の頭文字をとって **TEM 波**（Transverse Electoro-Magnetic wave）と呼ばれている。**Fig. 3-17** に示すように，TEM 波のモードを識別して表すためには TEM_{mn} のような表現方法を用いる。m はレーザ光の強度分布を水平に走査したとき，n は垂直に走査したときに，それぞれ強度が極小となる部分の数である。Fig. 3-17 中の TEM_{00} は単一モード発振の場合を示しており，強度分布はすでに記述したようにガウス分布である。TEM_{10}，TEM_{11} そして TEM_{12} はそれぞれ多モード発振するレーザ光の横モードを表しており，TEM_{12} では水平方向，垂直方向で強度の極小値がそれぞれ一つ，二つであることがわかる。これらのほかにもさまざまな横モード形態は存在する。

TEM_{00}　　TEM_{10}　　TEM_{11}　　TEM_{12}

Fig. 3-17 横モード

単一モード発振のレーザ光はミラーに垂直な成分のみでのレーザ発振の結果で得られるものであり，レーザ光の広がり角が最も小さい理想的な形態である。レーザの「ビーム品質が良い」と表現されることもある。

3-3-10 球面ミラーによる光共振器

ここまで述べてきた光共振器はすべて平面ミラーの使用を想定してきた。平面ミラーの使用においては，光がミラー平行度のわずかなずれで光共振器外へ漏れ出てしまうので，調整・保持が難しいという欠点がある。また，回折損失を極力避けるためにはミラーの口径を大きくする必要があり，コスト面でも不利となる。平面ミラーによって構成される光共振器は増幅利得の大きいレーザ媒質において用いられるが，一般には球面ミラーによる光共振器を採用することが多い。

球面ミラー，特に凹面ミラーにおいて TEM_{00} の単一横モード発振を得るための代表例は共焦点形または半共焦点形の光共振器構成であり，それぞれを **Fig. 3-18** に示す。R は凹面ミラーの曲率半径であり，凹面ミラーの焦点 f との関係は $f = R/2$ である。したがって，図（a）の共焦点形においては，$R_1 = R_2 = L/2$ とすることによって点 O から発せられる球面波の位相とミラー面の曲率が一致し，光共振器内のどの点においても光は同位相となり，容易に単一横モード光を得ることができる。図（b）の半共焦点形では１枚のミラーの曲率が ∞，つまり平面ミラーであり，$R_2 = L$ とすることによって点 O から発せられる球面波の位相とミラー面の曲率が一致する。

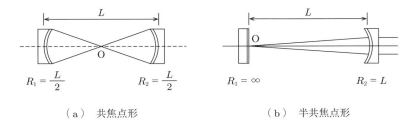

(a) 共焦点形 (b) 半共焦点形

Fig. 3-18 球面ミラーで構成された光共振器

3-3-11 ガウスビームの伝搬

共焦点形光共振器から放射される単一横モード光の伝搬について考察してみる。単一横モード光が形成する電界がガウス関数によって記述できることから，

単一横モード光のことを**ガウスビーム**（Gaussian beam）と呼ぶことがある。**Fig. 3-19** に示すように，単一横モードレーザ光が z 方向に伝搬したとすると，電界分布は

$$E = E_0 \exp\left[-\frac{r^2}{w^2}\right] \tag{3-34}$$

のようにガウス分布として示すことができる．ここで，E_0 は光軸（z 軸）中心部分の電界の大きさ，r は光軸からの距離，w は E_0 から $1/\mathrm{e}$ に電界が低下する光軸からの距離（e はネイピア数であり，よく知られているように $\mathrm{e} = 2.7182\cdots$ である）である．光強度は電界の 2 乗に比例するので

$$I = I_0 \exp\left[-\frac{2r^2}{w^2}\right] \tag{3-35}$$

と表すことができる．**Fig. 3-20** に単一横モードレーザ光の強度分布を示す．単一横モードレーザ光では，レーザ光の存在している領域と存在しない領域を

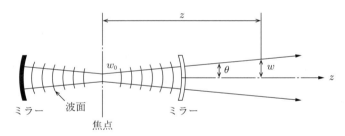

Fig. 3-19 共焦点形共振器からのレーザ放射

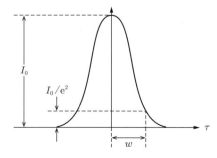

Fig. 3-20 単一横モードレーザ光の強度分布

明確に線引きすることができないので，中心光強度 I_0 から $1/\mathrm{e}^2$ に強度が低下する距離 w でレーザ光の空間的大きさ，つまりビーム径を定義している。

共焦点形光共振器は球面ミラーを用いているため，光共振器内でのレーザ光は焦点位置以外では球面波となっている。焦点位置でのビーム径が最も小さくなっており，これを**ビームウエスト**（beam waist）と呼んでいる。ビームウエストの半径 w_0（Fig. 3-19 を参照）は，光共振器を構成する球面ミラーの曲率半径が双方ともに R であったとすると

$$w_0 = \sqrt{\frac{\lambda R}{2\pi}} \tag{3-36}$$

と示すことができる。焦点位置から z の離れた位置でのビーム径 w は

$$w = w_0 \sqrt{1 + \left(\frac{\lambda z}{\pi w_0^2}\right)^2} \tag{3-37}$$

で表される。ビーム径 w は，z が十分に大きい，すなわち光共振器から十分に離れた位置では近似的に

$$w \approx \frac{\lambda z}{\pi w_0} \tag{3-38}$$

と示すことができる。発散角（光軸からの半角）は，式 (3-38) を距離 z で割ればよいので

$$\theta \approx \frac{\lambda}{\pi w_0} \tag{3-39}$$

となる。また，式 (3-38) および (3-39) は，式 (3-36) を用いて，それぞれ

$$w \approx 0.8 \sqrt{\frac{\lambda}{R}} Z \tag{3-40}$$

$$\theta \approx 0.8 \sqrt{\frac{\lambda}{R}} \tag{3-41}$$

と示すことができ，単一横モードレーザ光のビーム径と発散角の簡易評価が可能となる。波長 $0.5\,\mu\mathrm{m}$ のレーザ光が曲率半径 $R = 1\,\mathrm{m}$ の共焦点形共振器から出射され，$100\,\mathrm{m}$ 伝搬したとすると，式 (3-40) より，$11.3\,\mathrm{cm}$ のビーム径（直径）にまで広がることがわかる。

ところで **Fig. 3-21** に示すように，一様な平面波が円形の開口で回折を受けたときの発散角（光軸からの半角）は，式 (1-11) を参照して

$$\theta \approx 0.61 \frac{\lambda}{D/2} \tag{3-42}$$

で与えられる。ここで D は円形開口の直径である。この式の $D/2$ の大きさが式 (3-39) のビームウエスト半径 w_0 に等しいと考えると，単一横モードレーザ光の発散角は，平面波の回折に比べて約 $1/2$ の大きさに収まることがわかる。ガウスビーム，つまり単一横モード発振で得られたレーザ光は，最も発散角が小さく指向性に優れる。

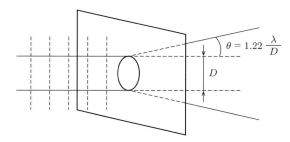

Fig. 3-21 平面波の円形開口による回折

3-4 レーザの基本構成

レーザは，**Fig. 3-22** に示すように，光増幅器となるレーザ媒質，光共振器，励起源の三つの要素で構成されることになる。レーザ発生の原理は，これまで述べてきたように多少複雑ではあるが，レーザ装置自体の構造は非常に単純である。

レーザの発振波長は採用するレーザ媒質で決定される。レーザ媒質は固体（半導体を含む），液体，気体の3態に大別でき，発振波長や取扱いの簡便さ，応用の内容，コストなどによって選択される。光共振器は，先述のようにミラー対である。ミラーには平面型，球面型など，さまざまな形式がある。励起源はレー

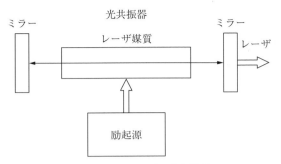

Fig. 3-22 レーザの基本構成

ザ媒質にエネルギーを与えるためのエネルギー源である。原子・分子を効率的に励起し，反転分布を連続的に形成しなければならないため，レーザ媒質の種類によって多様な励起方法が用いられている。気体のレーザ媒質では放電による励起が一般的である。固体のレーザでは光による励起が多く用いられ，半導体レーザでは電流流入による励起が採用される。その他，化学反応や電子ビームの利用などの方法もあるが，一般的ではない。

3-5 レーザ媒質の励起方法

レーザの基本構成は単純ではあるが，高効率励起，安定動作などを主眼に置くと，励起に関しての技術的な課題は数多い。以下より，代表的な励起法について示していく。

3-5-1 放電励起

放電励起（discharge pumping）は，特に気体レーザにおいて多く用いられる方法である。**Fig. 3-23** に示すように，両端に電極を取り付けたガラス管など（放電管）に低圧で希ガスなどを封入して高電界を加えると，陰極から飛び出した電子が電界によって加速され，気体原子（分子）に衝突する。衝突された原子（分子）から，衝突のエネルギーによって二次電子が放出され，原子（分子）はイオン化する。衝突によって発生した電子がつぎつぎに別の原子（分子）に

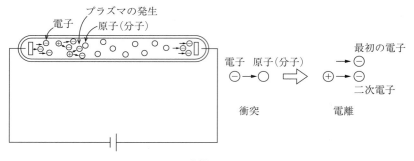

Fig. 3-23 気体中における放電

衝突して電子とイオンが爆発的に増加し，陽極と陰極の間に電流が流れる．これが放電現象である．

ガラス管の内部にはイオンと電子が混在する，いわゆる**プラズマ**（plasma）状態が作り出され，気体レーザではプラズマのエネルギーが反転分布を形成するための励起エネルギーとして利用される．プラズマ中の電子が気体レーザ媒質の中性原子，イオンまたは分子と衝突する，いわゆる**衝突励起**（collisional excitation）によってエネルギーが与えられ，反転分布が形成される．

3-5-2 光 励 起

光励起は，強力な光によってレーザ媒質を励起する方法のことで，おもに固体，液体のレーザ媒質に用いられている．古くからXeやKrの希ガスを封入したフラッシュランプからの白色光によって固体媒質を励起するスタイルが定着している．フラッシュランプからの光は指向性が悪いため，通常は，反射鏡を用いて固体の光吸収率を上げる工夫がなされている．固体レーザ媒質のエネルギー準位は，一般に幅の広いエネルギー帯になっており，白色光が有するさまざまな波長成分を吸収することができる．しかしながら，励起に寄与できない波長成分は損失を生み出すことにもなる．

Fig. 3-24に，典型的な固体レーザであるネオジウム（Nd）レーザにおけるネオジウムイオンの吸収スペクトルとXeフラッシュランプの発光スペクトルを示す．ネオジウムイオンは$0.5 \sim 0.9\,\mu\mathrm{m}$の広範囲の波長成分を吸収することが可

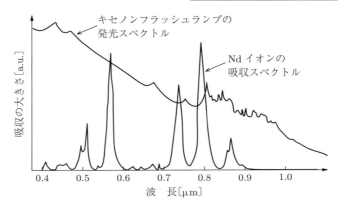

Fig. 3-24 Nd レーザの吸収スペクトルと Xe フラッシュランプの発光スペクトル

能であり，特に 0.73〜0.83 μm の吸収が大きい。しかしながら，フラッシュランプ発光の 0.6〜0.7 μm 帯はネオジウムの励起に寄与できず，励起の効率を下げるだけではなく，熱を媒質に与えてしまう。**半導体レーザ**（LD, Laser Diode）の技術革新により，近年は半導体レーザを用いた固体レーザ励起技術が確立している。

3-5-3 電流による励起

電流による励起は LD（半導体レーザの詳細については 5-4 節で述べる）に対して用いられる。2-2-2 項で述べたように，ある種のダイオードに外部からキャリア（電子，ホール）を注入すると放射再結合により発光が生じる。これは LED の発光原理である。LD では不純物を大量に含んだダイオードにキャリアを多量に注入し，エネルギー帯の間で反転分布を形成させる。ダイオードに順方向電流を流すだけで励起が行える簡便な方法である。

演 習 問 題

1. レーザの増幅（光増幅）は，反転分布下においての誘導放出現象によって達成可能である。この理由を説明せよ。

2. 波長 1.0 μm で発振するレーザがある．レーザ上準位と下準位との間のエネルギー差を求めよ．

3. 波長 0.5 μm で発振するレーザ媒質がある．300 K におけるレーザ上準位と下準位の原子数の比を求めよ．

4. 15 倍の利得をもつ光増幅器がある．増幅器の長さを 10 cm として利得係数 α を求めよ．

5. 利得係数の大きさが 5 cm^{-1} の光増幅器がある．増幅された光強度が 2 倍となる光増幅器の長さを求めよ．

6. 反射率が 100％，80％の二つのミラーで構成された長さ 1.5 m の光共振器がある．光共振器の損失が 0.02 cm^{-1} であったとき，レーザ発振に必要な利得を求めよ．

7. 曲率半径 $R = 2$ m の球面ミラー（凹面ミラー）を用いて共焦点形共振器を構成したい．単一横モード発振を生じさせるのに望ましい共振器長を示せ．

第4章

レーザ光の特性評価

　自然界にはレーザのように指向性，単色性，コヒーレンス性に優れた光源は存在しない。レーザはトランジスタと並んで20世紀最大の発明の一つとして考えられており，通信，家電，医療など，さまざまな分野で応用されるに至っている。この章では，レーザの特性評価に関わる基本事項について述べる。

4-1 連続発振とパルス発振

　レーザには大きく分けて**連続発振動作**（continuous wave operation, CW operation）と**パルス発振動作**（pulsed operation）の2通りの発振形態があり，それぞれCWレーザ，パルスレーザと呼ばれている。ポンピングを時間的に連続して行っていればCWレーザ，パルス状のポンピングであればパルスレーザと単純に理解してよい。レーザ上準位の緩和時間の大きさにもよるが，通常のパルス発振ではミリ～マイクロ秒の**パルス幅**（pulse width）のレーザ光を得ることができる。一部のレーザ装置においては，メカニカルシャッター，チョッパなどを用いてCWレーザを機械的にパルスレーザとして動作させる場合がある。ナノ秒，ピコ秒，そしてフェムト秒のような短いパルス幅のレーザ光を発生させるにはQスイッチ，モード同期と呼ばれる特別な手法を用いる。Qスイッチ，モード同期の技術については第6章で言及する。

4-2 レーザの特性評価

レーザの特性は，その波長，出力，パルス幅，レーザのビーム径（レーザ光の空間的な大きさ），空間的な強度分布など，さまざまな面からの評価が可能である。この節では，レーザの諸特性の中で最も重要と考えられるレーザ出力の評価方法について記述していく。また，レーザの応用ではレーザを集光して使用する例が多いので，レーザの集光限界についても示していく。

4-2-1 レーザ出力（パワー，エネルギー）の評価

レーザの各種応用においてはレーザ出力の評価が重要となる。レーザ出力の表現方法を **Table 4-1** にまとめた。

Table 4-1 レーザ出力の表現方法

発振の形態	表現方法	単位	意味
連続発振レーザ	パワー	W（ワット）	単位時間当りのエネルギー
パルス発振レーザ	エネルギー	J（ジュール）	一つのパルス波形が含んでいるエネルギー
パルス発振レーザ	平均パワー	W（ワット）	繰り返し発振するパルスレーザの単位時間当りの平均エネルギー
パルス発振レーザ	ピークパワー	W（ワット）	レーザパルスがもつパワーのピーク値

レーザ出力は，基本的に，ジュール単位（単位記号：J）のエネルギーで評価される。レーザ光は多数の光子で構成されるので，光子一つがもつエネルギー（$E = h\nu$）の積算としての出力評価が妥当であると考えられる。しかしながら，CW レーザは時間的に連続して発振しているので，レーザ発振させていた時間によってエネルギーの時間積分値が異なる。したがって，CW レーザでは，一般に単位時間当りのエネルギーで出力を評価する。単位時間当りのエネルギーを**パワー**（power）と呼んでいる。パワーの単位は，エネルギーの単位をジュー

ル，時間を秒単位として J/s，すなわち，ワット（単位記号：W ≡ J/s）である。ワットは仕事率を表す単位としてよく知られており，家電製品など，われわれの生活にもなじみ深い。

パルスレーザにおいては，どの程度の時間にわたってレーザが出力されたかを考えることになる。パルスレーザの出力は，レーザパルスの時間積分値として，ジュール単位のエネルギーで評価されている。

4-2-2　パルスレーザにおける平均パワー

1秒間に100発など，繰り返して出力されるパルスレーザの場合は，CW レーザと同様に，単位時間当りのエネルギーを評価することがある。この場合，**平均パワー**（average power）という指標が用いられる。平均パワーは CW レーザで評価したワット単位でのパワーと同じ意味をもつ。

パルスレーザが繰り返して出力されている状況を **Fig. 4-1** に示す。図中に破線で示したのが，パルスが出力されていない時間を含んだパルス列の平均のエネルギーである。

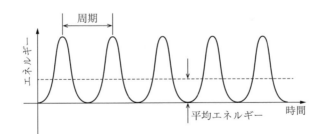

Fig. 4-1　パルスレーザの平均パワー

高繰返しパルスレーザでは，この平均エネルギーを単位時間当りで考え，平均パワーとして評価する。平均パワーは，パルスの周期を T として

$$P_{\mathrm{av}} = \frac{E}{T}$$
$$= E \cdot f \tag{4-1}$$

で与えられる。ここで E はレーザパルスが有するエネルギー（ジュール単位）である。この式で示した f は，周期 T の逆数であり，**繰返し率**（repetition rate）と呼ばれ，ヘルツ単位（単位記号：Hz）で表される。レーザパルス一つのエネルギーが10 mJ で，それが100 Hz で出力されていれば，平均して1 W のパワーであると解釈する。

4-2-3　パルスレーザにおけるピークパワー

パルスレーザでは**ピークパワー**（peak power）と呼ばれる指標が応用上最も重要となる。ピークパワー P_p はパルスエネルギーをパルスの継続時間（パルス幅）で割った値で示される。すなわち

$$P_\mathrm{p} = \frac{E}{\tau} \tag{4-2}$$

である。ここで，τ はパルス幅である。ピークパワーは，**Fig. 4-2** に示すように，パルスの「山の高さ」を表している。市販されているパルスレーザには，ナノ秒（10億分の1秒）あるいはピコ秒（1兆分の1秒）の非常に短いパルス幅で発振するものがある。特殊なレーザにおいてはフェムト秒（1000兆分の1秒）の発振も可能である。したがって，わずか数 mJ のパルスエネルギーにおいてもピークパワーはメガワット（100万ワット），ギガワット（10億ワット）にも

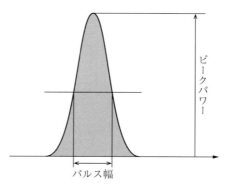

Fig. 4-2　パルスレーザのピークパワー

達する大きさとなる．ピークパワーの高いレーザを物質に照射すると，きわめて短時間の間に「衝撃的」な加工を行うことができる．

いま，エネルギー 1 mJ，パルス幅が 1 μs のレーザパルスを考える．ピークパワーは，式 (4-2) より，1 mJ/1 μs = 1 kW となる．一方，同じ 1 mJ のエネルギーを有するパルス幅 1 ns のレーザパルスでは，1 MW のピークパワーとなる．**Fig. 4-3** には縦軸にピークパワー，横軸に時間をとり，例で示した 1 mJ のエネルギーをもつ 1 μs および 1 ns で発振する二つのパルスを示している．同一エネルギーであるので，灰色の部分の面積の大きさは同じとなるが，ピークパワーの大きさが異なることがわかる．エネルギー 1 mJ，パルス幅 1 ns のレーザは「瞬間的に」1 MW 相当のパワーをもつ．

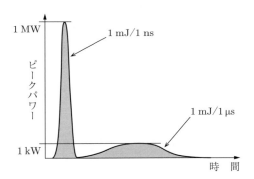

Fig. 4-3 ピークパワーの比較

4-2-4 パワー密度

レーザは指向性が良く，集光性に優れることを先に述べた．レーザの応用においては，レーザ光を集光して利用することが多く，集光時における単位面積当りのパワーの大きさを知ることが重要となる．単位面積当りのパワーのことを**パワー密度**（power density）という（より正確にはパワー面密度と呼ぶべきであろう）．パワー密度 P_d は，レーザ光のパワーを P として

$$P_\mathrm{d} = \frac{P}{A} \tag{4-3}$$

と示される。ここで A は集光時におけるレーザ光の空間面積の大きさである。慣用的に面積の大きさには cm^2 が採用されており，パワー密度は W/cm^2 の単位で表現されることが多い。

いま，パワー $1\,mW$ の CW レーザを例にとる。このレーザが $1\,cm$ 四方の大きさで物体に照射されていたとする。面積の大きさは $1\,cm^2$ であるので，パワー密度は $1\,mW/1\,cm^2 = 1\,mW/cm^2$ となる。つぎに，何らかの方法により $1\,mW$ のレーザ光を $10\,\mu m$ 四方の大きさまで集光したとする。パワー密度は，$1\,mW/(10 \times 10^{-4} \times 10 \times 10^{-4}\,cm^2) = 1\,000\,W/cm^2$ となり，$10\,\mu m$ 四方の非常に小さい領域のみではあるが，局所的に $1\,kW$ の巨大なパワーが得られていることになる。パワーと集光径の大きさによってパワー密度は容易に制御可能である。パルスレーザの場合は J/cm^2 単位でのエネルギーの大きさがパワー密度に対応する量となり，これを**レーザフルエンス**（laser fluence）と呼ぶことがある。さらに，レーザフルエンスをパルス幅で割れば，単位面積当りのピークパワーを算出することができる。

4-2-5 レーザ出力の測定方法

レーザエネルギーの測定には，レーザエネルギーを一旦何らかの別のエネルギーに変換し，それらを電圧，あるいは電流の値として読み取り，ジュールあるいはワット単位で評価することが行われている。レーザ光をセンシングするための機器と出力読み出しのための電子回路を組み合わせた「パワーメータ」と呼ばれる装置が市販され，レーザエネルギーの評価に用いられている。パワーメータでは，レーザ光のエネルギーが吸収体に照射された際に発生する熱を熱電対で電気量に変換して数値化している。また，比較的小さなレーザエネルギーの測定には**フォトダイオード**（photo diode）が用いられる。フォトダイオードでは，逆方向バイアスした pn 接合半導体の接合部に光を照射した際に，光子の数に比例した電流が外部回路に流れる現象を利用してエネルギー評価を行っている。さらに，微弱なエネルギー測定には，光電効果を利用した**光電子増倍管**（photo multiplier）などの検出器を用いる方法もある。

フォトダイオード，光電子増倍管は，光と電子の相互作用を利用したデバイスであり，ナノ〜ピコ秒程度の高い時間応答特性（高周波数特性）を有する。フォトダイオードは，この高い時間応答特性を利用して，パルスレーザにおけるパルス幅測定にも用いられている。外部回路に流れた電流を伝送回路によってオシロスコープに導き，レーザパルスの時間変化を電圧の時間変化として読み取る。パルス幅は，一般に，**半値全幅**（full width half maximum，FWHM）で評価されることが多い。半値全幅とは，電圧の最大値 V_m が半分の値になるまでの時間幅のことを示している。**Fig. 4-4** にパルス波形の一例を示す。パルス幅 τ が評価されれば，パルス波形の全面積がレーザのエネルギーに相当するので，式 (4-2) を用いてピークパワーを算出することができる。

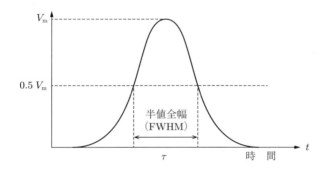

Fig. 4-4 レーザのパルス波形

4-2-6 レーザの集光特性評価

レーザの応用においてはレーザの集光特性の評価が重要であり，ここでレーザの集光特性，限界について考察してみる。レーザの集光特性は発振器から出力されるレーザ光の指向性の良悪によって決定される。レーザ光は，単一横モード発振の場合には理論的に最小の発散角で空間を伝搬するが，多モード発振では比較的大きな発散角で伝搬する。

いま，**Fig. 4-5** に示すように，広がりながら伝搬するレーザ光がレンズに入射

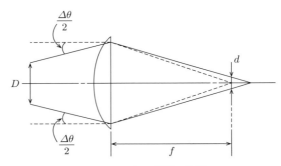

Fig. 4-5 レーザ光の集光

し,集光されているとする。レーザ光の発散角(全角)を $\Delta\theta$ ($\Delta\theta/2 + \Delta\theta/2 = \Delta\theta$),集光に使用するレンズの焦点距離を f とすると,焦点距離面でのレーザ光の直径 d(集光径あるいは集光スポットなどと呼ばれる)は,近似的に次式のように示すことができる。

$$d = f \cdot \Delta\theta \tag{4-4}$$

ガウスビーム(単一横モードでレーザ発振する TEM_{00} 光)がレンズに入射したことを想定すると,発散角(全角)は,式 (3-39) より

$$\Delta\theta = \frac{2\lambda}{\pi w_0} \tag{4-5}$$

となる。式 (3-39) で示された発散角は光軸からの半角表示であり,式 (4-5) では全角表示とするため2倍して示している。焦点距離 f のレンズで集光した際の集光径は,式 (4-4) より

$$d = f\frac{2\lambda}{\pi w_0} \tag{4-6}$$

となる。

ところで,光の発散角は,回折理論によって波長 λ に比例することが示されており

$$\Delta\theta = \beta\frac{\lambda}{D} \tag{4-7}$$

と表すことができる。ここで D は開口径,β は光の指向性の良さに関わる量

で，指向性の悪い多モード発振レーザの場合には大きな値となる。式 (4-7) を (4-4) に代入すると

$$d = f \cdot \beta \frac{\lambda}{D} \tag{4-8}$$

が得られる。さらに，レンズの焦点距離と開口径の比は **F ナンバー** (F-number) と呼ばれる量であり（カメラレンズにおける絞りの大きさ），書き直すと

$$d = \beta F \lambda \tag{4-9}$$

となる。ここで，F は F ナンバーである。レーザの集光径は，発振波長，使用するレンズの焦点距離，F ナンバーで決まる。Fig. 3-21 および式 (3-42) で示したように，直進する一様な平面波が円形開口で回折を受けた際の β の大きさは，全角表示において $\beta = 2.44$ 程度となる。単一横モード発振するレーザ光においては，式 (4-6) で $w_0 = D/2$ と置くことにより，$\beta = 1.27$ 程度であることが導かれる。したがって，集光径の大きさは

$$d = 1.27 F \lambda \tag{4-10}$$

となる。$\beta = 2.44$ の一様な平面波よりも，単一横モード発振レーザ光のほうが集光特性に優れることになる。集光径の大きさは理論的に式 (4-10) が下限となり，これを**回折限界径**（diffraction limited spot size）と呼んでいる。波長 1 μm で単一横モード発振しているレーザ光を F ナンバー 5 で集光すると，回折限界径として約 6 μm の集光径を得ることができる。

4-2-7 レーザ集光径の測定方法とビーム品質の評価

レーザ集光径の測定は，レーザ伝送・減光などの一定の技術が必要であり，レーザの特性測定の中でも難しい部類に入る。古くからナイフエッジ法と呼ばれる手法が用いられていたが，近年では CCD カメラにレーザ光を入射しての直接測定法が主流となっている。CCD カメラに各種解析ソフトウェアが付随された機器が市販され，比較的安価で購入可能となっている。CCD カメラは感

度が高く，レーザ光を減光しての入射が必須であり，各種光学フィルタ，減衰光学系などが用いられる．

レーザ光の集光性，つまりビーム品質を表す指標として，M^2 値（エムスクエア値）がある．レーザ光の M^2 値は

$$M^2 = \frac{w_{0\mathrm{exp}} \cdot \Delta\theta_{\mathrm{exp}}}{w_0 \cdot \Delta\theta} \tag{4-11}$$

で定義される相対的な量であり，$w_{0\mathrm{exp}}$ および $\Delta\theta_{\mathrm{exp}}$ は何らかの方法で実験的に測定されたビームウエストの径および発散角である．$w_{0\mathrm{exp}}$ および $\Delta\theta_{\mathrm{exp}}$ が理想的なガウスビームで得られる値と一致すれば $M^2 = 1$ となる．単一横モード発振のレーザでは $M^2 \fallingdotseq 1$ であるが，光共振器を構成する光学系の歪みなどの影響により，$M^2 \geqq 1$ となる場合が多い．集光径は，実験的に求めた M^2 値を用いて，式 (4-10) より

$$d = 1.27 F\lambda \times M^2 \tag{4-12}$$

と表すことが可能である．M^2 値は理想的なガウスビームにどの程度近くて，どの程度小さく絞り込めるかを表す指標となっており，レーザ装置のカタログなどにおいてビーム品質を表すためによく用いられている．

演 習 問 題

1. 単一横モードで発振する直径 1 mm，波長 0.6 μm のレーザがある．このレーザを月に向かって照射した．月面でのレーザ光の直径（空間的大きさ）を推定せよ．地球から月面までの距離は約 38 万 km である．

2. 波長 1.0 μm で単一横モード発振するレーザ光を凸レンズによって直径 20 μm の大きさまで集光したい．レンズに入射するレーザのビーム径が 5 mm であったとして，集光に適切な凸レンズの焦点距離を求めよ．

演 習 問 題

3. 平均パワーが 2 W で 10 MHz で繰り返し発振しているパルスレーザがある。1 パルスのパルスエネルギーの大きさを求めよ。また，パルス幅が 2 ns であった場合のピークパワーの大きさを求めよ。

4. パルス幅が 10 ns のレーザ光を直径 100 μm の大きさまで集光したところ，ピークパワーの大きさが単位面積当りで 2 GW/cm^2 となった。レーザフルエンスの大きさを求めよ。また，このレーザ光を 500 μm の大きさに集光したときの単位面積当りのピークパワーの大きさを求めよ。

第5章

各種レーザ

　レーザは媒質の種類によって多種多様である．個々のレーザの呼び名は，レーザ媒質の名前，レーザ媒質の形状，レーザの性能，業界で用いる俗称，さらにはメーカの商品名などが混在して用いられている．レーザ媒質の名前で呼ばれているレーザとしては，気体を媒質としたCO_2レーザ，固体を媒質としたYAGレーザ，ガラスレーザなどがある．ここでは気体，固体および液体レーザ媒質における代表的なレーザを取り上げ，構造，エネルギー準位などの概要を示していく．また，フェムト秒レーザ，X線レーザ，自由電子レーザなど，特殊なレーザについても紹介する．レーザの実際の応用においてはレーザの制御技術が重要であり，それについては第6章で述べることにする．

5-1　気体レーザ

　気体レーザ（gas laser）は，レーザ媒質として気体を用いたものの総称である．単一原子・分子の気体のみではなく，2種以上の混合気体で用いられる場合が多い．レーザ媒質の大きさが気体を封じ込める容器で決定されることから設計の自由度があり，種々の気体において数千にも及ぶレーザ発振が確認されている．また，高効率のレーザ発振が得られる気体もあり，気体レーザは古くからレーザ加工などの各種用途に用いられている．ここでは代表的な気体レーザとしてHe-Ne（ヘリウムネオン）レーザ，Ar^+（アルゴンイオン）レーザ，CO_2（炭酸ガス）レーザ，そしてエキシマレーザを取り上げ，それらの概要を述べる．

5-1-1　He-Neレーザ

He-Ne レーザ（He-Ne laser）は，He 原子と Ne 原子の混合気体をレーザ媒質として用いるものである。混同比は He：Ne で 5～10：1 程度が採用されている。コヒーレンスに優れたレーザ光を発し，各種計測，教材などの用途に広く用いられている。多数の発振ライン（反転分布を生じるエネルギー準位）をもち，赤，緑，橙の可視光域から赤外域での発振が可能ではあるが，一般に用いられるのは波長 0.633 μm の赤色発振光である。**Fig. 5-1** に He-Ne レーザの構造例を示す。

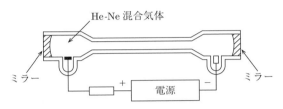

Fig. 5-1　He-Ne レーザの構造例

He-Ne レーザでは Ne 原子のエネルギー準位のみが誘導放出に関わっている。He 原子は，Ne 原子にエネルギーを与えるために存在しており，放電による電子衝突によって準安定準位に容易に励起される。Ne 原子は He 原子の準安定準位と接近したエネルギー準位をもっており，He 原子との衝突によって Ne 原子へのエネルギーの移動が生じる。

He-Ne レーザの 0.633 μm 発振におけるエネルギー準位図を **Fig. 5-2** に示す。放電プラズマの電子が He 原子に衝突励起によってエネルギーを与え，He を励起状態にする。励起状態の He 原子は Ne 原子と衝突してエネルギーを移行し，Ne の準安定準位と下準位との間で反転分布が生じ，レーザ発振が生じる。

He-Ne レーザは出力が数 mW の低出力レーザである。発振の効率はおおむね 0.01～0.1％程度ではあるが，高いコヒーレンスをもち，安定な長時間レーザ発振が可能であるため，各種計測分野において重宝されている。

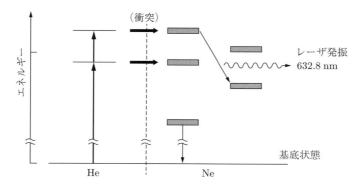

Fig. 5-2 He-Ne レーザのエネルギー準位

5-1-2 Ar$^+$ レーザ

Ar$^+$ レーザ（Ar ion laser）は，不活性ガスである Ar の原子をイオン化し，そのイオンのエネルギー準位を利用したレーザである。Ar のイオン化とイオンの励起のための 2 段階のポンピングが行われる。放電のための高電圧と大電流を供給する大型電源が必要であり，冷却必須のレーザである。He-Ne レーザに比べて装置が多少複雑になるが，Ar$^+$ レーザでは可視光領域において 10 W を超える強力なレーザ光が得られる。**Fig. 5-3** に Ar$^+$ レーザのエネルギー準位図を示す。緑から紫色までの多数の発振ラインをもつが，0.515 または 0.488 μm

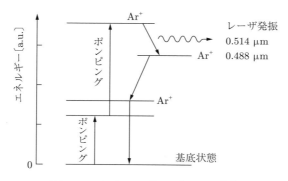

Fig. 5-3 Ar$^+$ レーザのエネルギー準位

の緑，青緑色の可視光において強いレーザ光が得られるため，通常はこの二つの波長で使用される。また，光共振器内にプリズムなどの波長選択素子を置き，その角度を変えることによって発振波長を選ぶことも行われている。Ar の代わりに Kr を用いた Kr^+ レーザにおいても，Ar^+ レーザと同様に可視域において強いレーザ光を得ることができる。

5-1-3 CO_2 レーザ

CO_2 レーザ（CO_2 laser）は，気体レーザの中では最も高出力動作が可能で，発振効率も高いレーザである。**Fig. 5-4** に CO_2 レーザの基本構造を示す。

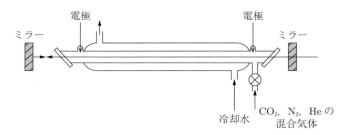

Fig. 5-4 CO_2 レーザの基本構造

CO_2 レーザは放電管の内部に CO_2，N_2，He の混合ガスを一定比率で封入し，グロー放電によって N_2 分子にエネルギーを与え，それが CO_2 分子に移行され，励起された CO_2 分子からの赤外光を得るものである。He-Ne レーザとは異なり，CO_2 分子の回転・振動運動に関連するエネルギー準位を利用している。分子の回転・振動運動のエネルギーは，電子の準位間遷移のエネルギーに比べて低く，通常，赤外領域において発光を生じさせる。

CO_2 レーザでは多数の波長帯においてレーザ発振が確認されているが，一般に利用されるのは高効率発振が可能な波長 10.6 μm の赤外光である。**Fig. 5-5** は CO_2 レーザの 10.6 μm 発振に関与するエネルギー準位図を示している。

まず，放電励起によって N_2 分子が励起される。N_2 分子の役割は He-Ne レーザにおける He 原子の役割と似通っている。励起された N_2 分子は CO_2 分子に

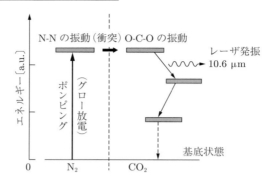

Fig. 5-5 CO_2 レーザのエネルギー準位

エネルギーを移行し，CO_2 分子を選択的に励起する。そして下準位との間で反転分布を形成し，レーザ発振に至る。下準位の CO_2 分子は He 原子に衝突してエネルギーを与え，基底準位に落ちる。エネルギーを得た He 原子は軽いので運動しやすく，放電管の管壁に衝突してエネルギーを熱として外部に放出する。つまり，下準位から基底準位への脱励起が速やかに行われるため，反転分布の形成が容易である。

CO_2 レーザは数 mW～数百 kW までの出力で発振可能である。また発振の効率も 10～15% 程度と高く，古くから CO_2 レーザを用いたレーザ加工，溶接などの産業応用が展開されている。

5-1-4 エキシマレーザ

Ar や Kr などの不活性ガスは化学的に安定に存在しており，通常，他の原子と結びついて分子を構成することはない。しかしながら，不活性ガスの原子を励起状態にすると，イオンの性質を有するようになり，分子を構成するようになる。不活性ガスが励起状態において分子を構成することを**エキシマ**（excimer）という。エキシマは excited dimer からの造語である。エキシマは励起状態のみにおいて存在できるので，それより低い状態に遷移すると，元の原子に戻る。したがって，励起状態と基底状態のみしか存在しない。エキシマは，基底状態に戻るときに，通常，光子エネルギーの大きい紫外領域の光を放射する。光共

振器内でエキシマを発光させれば，レーザ発振が可能である。

エキシマレーザ（excimer laser）は，他のガスレーザと同様に，放電励起される。電子ビーム励起も行われるが，一般的ではない。エキシマの種類は数多くあるが，不活性ガスとハライドの組合せが最も安定している。市販されているレーザ装置としては，ArF（発振波長 $0.193\,\mu m$），KrF（$0.248\,\mu m$），XeCl（$0.308\,\mu m$）などがある。エキシマレーザは単純な装置構成で大出力短波長光が得られるので，微細加工，リソグラフィの用途などによく用いられている。

5-2 固体レーザ

固体レーザは，光に対して透明の結晶あるいは非晶質を**母材**（host）として，その中に不純物イオンがドープされた固体をレーザ媒質として使用するものである。不純物イオンは母材イオンが占有している位置に入れ替わって存在することになる。レーザ発振に関わるのは不純物イオンのエネルギー準位である。母材の物理的な性質はレーザ光の特性に影響を与える。

不純物としては Nd^{3+}，Er^{3+}，Yb^{3+} などの**希土類**（rare earth）イオンや Cr^{3+} や Ti^{3+} などの**遷移金属**（transition metal）イオンが用いられる。母材には，光学的に一様でレーザ波長に対して透明であることや，熱伝導性の高いことが要求される。光学的に一様とは，レーザ発振波長のスケールで母材に歪みなどがない状態のことをいう。

固体レーザは，気体レーザに比べて，活性媒質となる不純物イオンの数が多い。また，レーザ上準位となる準安定準位の寿命が長く，反転分布状態で大きなエネルギーを長時間蓄積することが可能となる。この性質は高出力レーザの実現を容易にしている。レーザ発振が可能な固体材料は多種多様であるが，ここでは，Nd イオンをドープしたレーザ，フェムト秒パルスの発生が可能な Ti を Sapphire にドープしたレーザ，世界で初めてレーザ発振に成功したルビーレーザに限定して概要を述べることにする。半導体レーザ，ファイバレーザも媒質が固体ではあるが，これらはそれぞれ 5-4 節，5-5 節にて紹介する。

5-2-1 Nd:YAG レーザ

Nd:YAG レーザ（Nd:YAG laser）は、母材に YAG（$Y_3Al_5O_{12}$）結晶、不純物イオンとして Nd^{3+} をドープしたレーザである。母材の Y^{3+} の一部が Nd^{3+} に置き換えられ、化学的に安定に存在している。

Fig. 5-6 に Nd:YAG レーザの基本構成を示す。Nd:YAG はロッド状に整形されることが多く、図においても Nd:YAG ロッドの使用が想定されている。Nd:YAG ロッドの大きさはレーザ出力によって異なるが、0.5～1 cm 程度の口径、5～10 cm 程度の長さが採用されている。3-5-2項で述べたように、固体レーザは、通常、光励起され、Fig. 5-6 においてはフラッシュランプ光での励起が想定されている。フラッシュランプは楕円筒型反射鏡に Nd:YAG ロッドとともに収納され、励起効率向上のための工夫がなされている。近年は半導体レーザで励起するのが主流となりつつあるが、どのような励起の方法においても発熱量が大きく、冷却必須のレーザである。効率は1～10%程度と、励起方法によっても異なるが、低い。励起方法の制御により、用途によって連続発振およびパルス発振の二つの発振形態をとることができる。特にパルス発振では後で述べる Q スイッチング技術の導入により、高いピークパワーを得ることが可能となる。

Fig. 5-7 に Nd:YAG レーザのエネルギー準位を示す。複数の遷移帯での発振が可能ではあるが、通常は出力の大きい、波長 1.064 μm 帯がレーザ出力と

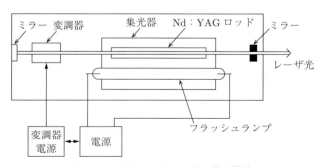

Fig. 5-6 Nd:YAG レーザの基本構造

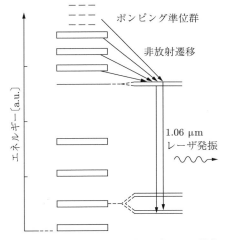

Fig. 5-7 Nd:YAG レーザのエネルギー準位

して用いられる．Fig. 3-24 に示したとおり，Nd イオンは 0.7 および 0.8 μm 辺りを中心に大きな光吸収帯をもつ．フラッシュランプなどの光を吸収した Nd イオンは励起状態となった後，素早くレーザ上準位（準安定準位）に非放射遷移し，レーザ下準位との間に反転分布を形成する．下準位と基底準位とのエネルギー差が大きく，反転分布を形成しやすい典型的な 4 準位レーザである．

レーザの欠点の一つに発振波長を選べないことが挙げられるが，Nd:YAG レーザでは非線形結晶を用いて，2 倍高調波（波長 0.532 μm），3 倍高調波（波長 0.351 μm），4 倍高調波（波長 0.266 μm）への高調波変換（6-2-8 項参照）が容易であり，近赤外から紫外域における複数の波長帯でレーザ出力を得ることができる．

5-2-2 Nd:Glass レーザ

Nd:Glass レーザ（Nd:Glass laser）は，光学的に一様なリン酸ガラス，ケイ酸ガラスなどを母材としており，エネルギー準位，発振波長などは Nd:YAG レーザとほぼ同様であるが，大型化，高出力化が容易であるなど，特有の性質をもつ．ガラスは YAG などの結晶に比べて大口径化，大容量化が容易であり，

光学的一様性にも優れている。一方で熱伝導率が低いため，冷却や耐熱性を高めるための技術が重要となる。

Nd:Glass レーザでは，ロッド形のみならず，円盤状（ディスク形）に整形するなどして冷却能力を高める工夫がなされている。ロッド形で口径 80 cm 程度，ディスク形で口径 400 cm 程度のものが開発されてはいるが，これらの大型母材において光共振器を構成しても単一横モード発振は困難であり，レーザ光の品質低下を引き起こしてしまう。また，Nd:Glass は誘導放出断面積が Nd:YAG に比べて小さく，小径のロッドでレーザ発振を得るには強励起が必須となるので，通常はレーザ発振器単体ではなく，光増幅器と組み合わせてレーザシステムとして構成されることが多い。発振器には Nd:YAG あるいは Nd:YLF （波長 1.053 μm で発振）を用い，光増幅器として Nd:Glass を用いるのが一般的である。多数の光増幅器で多段増幅を行えば，kJ～MJ 級の出力を得ることが可能であり，Nd:Glass レーザはレーザ核融合に代表されるエネルギー開発研究用途に世界各国で用いられている（レーザ核融合の概要は 7–6 節で述べる）。

Fig. 5–8 に Nd:Glass レーザシステムの構成例を示す。このような構成を一般に**主発振器出力増幅器方式**（master oscillator power amplifier, MOPA 方式）という。発振器と光増幅器を独立に制御し，発振器からのレーザ光の特性を維持したまま高出力が得られる方式である。発振器からのレーザ光は複数の光増幅器で増強されるが，レーザ光の単位面積当りのエネルギー，つまりレーザフルエンス（あるいはパワー密度）がレンズ，ミラー，さらに Nd:Glass 媒質の損傷しきい値を超えないように，システム内の各所にビーム径拡大のための光学素子が配置される。それに応じてロッド形光増幅器の口径も大きくする必要があるが，ロッドの機械的強度，励起光分布の一様性の観点からは口径 50 cm 程度が限度とされている。さらに大きな口径で光増幅を行う場合は，ディスク形の

Fig. 5–8 Nd:Glass レーザシステムの構成例

増幅器が採用される。また，MOPA 方式では光増幅器間の**寄生発振**（parastic oscilation）防止や光増幅器内に蓄えられたエネルギーを無駄に消費しないように，システム各所に**ポッケルスセル**（Pockells cell）などの**光スイッチ**（optical switch）が導入されることになる。光スイッチについては 6-1-1 項で説明する。

5-2-3 Ti:Sapphire レーザ

Ti:Sapphire レーザ（Ti:Sapphire laser）は，母材にサファイア（Al_2O_3）の単結晶を用い，不純物イオンとして Ti^{3+} がドープされた固体レーザである。サファイアは熱伝導性に優れており，近年では cm 級の大きさで良質な単結晶も得られており，高繰返しの高出力レーザ用の母材として適している。

Fig. 5-9 に Ti:Sapphire の吸収スペクトルと発光スペクトル（自然放出のスペクトル）を示す。Ti:Sapphire は広い発光スペクトルを有しており，共振器内に回折格子，プリズムなどの波長選択素子を挿入することによって 0.65〜1.1 μm の波長帯でレーザ発振が可能であり，波長可変レーザとしての性質をもっている。高出力でのレーザ発振が得られるのは波長 0.8 μm 近傍であり，通常は近赤外域で発振するレーザとして認識されている。

Ti:Sapphire レーザでは，レーザ発振時におけるスペクトルも通常のレーザに比べ幅広いものとなる。波の不確定性から，Ti:Sapphire レーザではモード

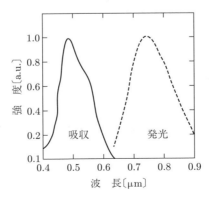

Fig. 5-9 Ti:Sapphire の吸収と発光スペクトル

同期（6-1-2項参照）の技術を用いて非常に短いパルス幅でレーザ発振させることが可能である．近年，**フェムト秒レーザ**（femtosecond laser）などの超短パルスレーザが市場に出回り，各種応用が進展しつつあるが，そのほとんどにおいてTi:Sapphireレーザが使用されている．

Ti:SapphireレーザにおいてもNdドープ固体レーザと同様に光励起が主流となる．吸収スペクトルのピークとなる波長0.5μm近傍の青緑色光の使用が高効率励起につながる．Ndドープ固体レーザの2倍高調波（波長0.53μm）などが励起用光源としてよく用いられているが，近年の半導体レーザの高出力化に伴い，半導体レーザ励起も検討されている．

5-2-4　Cr:Sapphire（ルビー）レーザ

サファイア（Al_2O_3）の単結晶に不純物イオンとしてCr^{3+}をドープするとルビーになる．サファイアは無色透明であるが，ルビーは鮮やかなピンク色であり，宝石として有名である．

ルビーレーザ（ruby laser）は，アメリカの科学者メイマンによって，1960年に世界で最初に発振したレーザである．ルビーレーザは基底準位がレーザの下準位となる典型的な3準位レーザであり，強力なポンピングが必要，低効率などが要因となり，近年ではあまり使用されない．しかしながら，赤色でピークパワーの高いレーザ光を発することができる数少ないレーザのため，医療分野などでは重宝されることもある．

Fig. 5-10にルビーレーザのエネルギー準位図を示す．Cr^{3+}の吸収ピークは二つあり，それぞれ0.4, 0.55μm付近である．フラッシュランプなどによるポンピングによって，Cr^{3+}は励起状態となった後，素早く準安定準位に非放射遷移して基底準位との間に反転分布を形成する．準安定準位は近接した二つのエネルギー準位からなっており，Cr^{3+}が基底準位に遷移することで，それぞれ0.693, 0.694μmの赤色光を発する．準安定準位の平均寿命が3ms程度と非常に長く，エネルギーの長時間蓄積が可能なため，高出力化が容易である．一方で，反転分布を維持するために，基底準位の原子をつねに励起し続けなければ

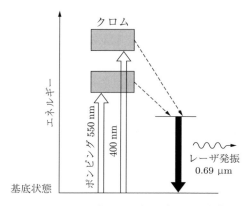

Fig. 5-10 ルビーレーザのエネルギー準位

ならず，きわめて強いポンピングが必要となる。

5-3 液体レーザ

　液体レーザ（liquid laser）は，名のとおり，液体をレーザ媒質としたレーザの総称である。液体レーザは，固体，気体レーザそれぞれの欠点を補う性質を有しているが，液体の取扱いが困難であり，出力安定性が低いなどの問題もあって，近年，あまり使用されてはいない。しかしながら，液体の循環によって固体レーザ媒質よりも優れた光学的一様性が確保でき，さらに母材としての液体溶媒に高密度で不純物を溶け込ませることができるなどのメリットがある。液体レーザの最大の特長は，溶媒に溶け込ませる不純物の種類を容易に交換可能なところにある。つまり，1台の装置から異なる波長でレーザ発振を得ることができる。液体レーザの代表的なものは，適当な溶媒に有機色素を溶かした色素レーザである。以下，色素レーザの概要について述べる。

5-3-1 色素レーザの構成例

　有機色素には多数の種類がある。髪の毛の染め粉に幾通りもの種類があるように，**色素レーザ**（dye laser）はさまざまな色，波長で発振できる可能性をもっ

ている。適当な溶媒に溶かされた色素からの発光は，幅の広がったエネルギー準位からの光放出の結果であり，スペクトル幅が非常に広くなる。したがって，色素レーザは波長可変レーザとしての性質を有している。異なる種類の色素に取り替えることによって，波長可変の範囲はさらに広がる。また，広いスペクトル幅は，Ti:Sapphireレーザと同様に超短パルスレーザになる可能性をもっている。現に，色素レーザを用いたフェムト秒レーザも出現している。

色素レーザのポンピングには短パルス発光するフラッシュランプや可視・紫外域でパルスまたは連続発振するレーザが用いられる。色素は，通常，適当な濃度で有機溶媒に溶かされ，透明のガラス容器セルに入れられる。高繰返し，あるいは連続発振光を得るためには，色素溶液の温度上昇を防ぐ必要があり，色素溶液を細いノズルから噴出させ，循環させながらポンピングを行う。

Fig. 5-11 に一般的な色素レーザの構成図を示す。光共振器の片方のミラーには回折格子あるいはプリズムなどの波長選択素子が用いられるが，これは発光スペクトル幅の広い色素溶液から単一波長のレーザ光を得るためである。回折格子，プリズムともに，光の入射角度を変えることによって反射光の波長を変えることができるため，色素レーザは波長選択素子の角度調整によって波長可変レーザとして動作可能である。

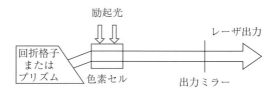

Fig. 5-11 色素レーザの構成例

5-3-2 色素レーザ

レーザ用色素の代表例であるローダミン6Gの吸収，発光スペクトルを**Fig. 5-12**に示す。ローダミン6Gは，通常，エタノール，エチレングリコールなどの有機溶媒に溶かして使用される。紫外域の光も一定の割合で吸収する

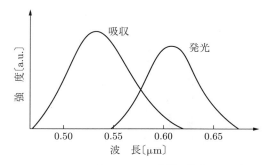

Fig. 5-12 ローダミン 6G の吸収・発光スペクトル

が，最も強い吸収を有するのは，Fig. 5-12 のとおり，0.53〜0.54 μm 近傍の可視域においてである。Nd:YAG レーザの 2 倍高調波，Ar^+ レーザなどが励起用光源として用いられる。ローダミン 6G では，波長選択素子の角度調整により，おおむね 0.57〜0.62 μm の範囲，つまり黄色，オレンジ，赤色にまで及ぶレーザ発振が可能である。発光スペクトルが吸収スペクトルの裾野にかかっているためにレーザ発振が阻害される場合があり，ローダミン 6G 色素レーザは通常はパルス発振となる。

その他，レーザ用色素としてはクマリン色素がよく用いられる。クマリン色素では，分子構造を種々変化させることによって 100 種類程度の異なった吸収・発光特性をもつものが作成されている。色素 1 種類の波長可変範囲は，上記ローダミン 6G で述べたように，さほど大きくはないが，色素を交換することによって紫外域から近赤外域までの波長可変が可能となる。

Fig. 5-13 に色素レーザのエネルギー準位の一例を示す。色素の構成原子数は数十ものオーダとなるので，エネルギー準位は，分子振動の影響を受け，バンド状に広がる。レーザの上準位，下準位ともに，振動準位を含むため，発光スペクトル幅は広がる。上準位の平均寿命はナノ秒オーダと非常に短く，色素溶液のエネルギー蓄積能力が低いため，短パルスでピークパワーの高いレーザ光を用いたポンピングが有効である。

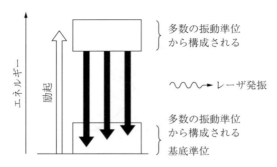

Fig. 5-13 色素レーザのエネルギー準位

5-4 半導体レーザ

　初期の半導体レーザ（以下，LD）は室温動作が難しく，応用範囲も限られていたが，エレクトロニクス技術の向上，さらに光学技術との融合により，近年では動作安定性に優れ，安価で取り扱いやすい LD が出現している。CD，DVD の再生，バーコードリーダ，インターネットなど，LD はわれわれの日常生活の向上に大きく寄与している。LD は固体媒質のレーザではあるが，ポンピングや光共振器の形成方法など，通常の固体レーザとは様相が大きく異なる。

5-4-1 半導体レーザの基本構造

Fig. 5-14 に LD の基本構造を示す。ここでは GaAs 化合物半導体の pn 接合

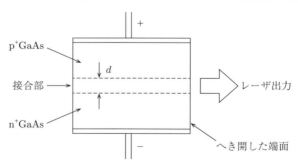

Fig. 5-14 半導体レーザの基本構造（GaAs）

を例として挙げている．LD が光を放出する原理は，2-2-2 項で述べた LED と同様に，放射再結合によるものである．LD では pn 接合部での再結合による光の放出が吸収を上回る状態になるまで極端にキャリアの注入量を多くする．この状態が LD における反転分布を表している．ダイオードに大電流を流すことによって容易に反転分布を形成することができるのである．光共振器は，固体レーザのようにミラーを配置するのではなく，半導体結晶のへき開面からの**フレネル反射**（Fresnel reflection）を利用して形成されている（結晶はある決まった結晶面においては原子間の結合力が弱く割れやすい．この性質をへき開という）．半導体結晶の屈折率を n_2，空気の屈折率を n_1 とすると，屈折率境界に垂直入射した光のフレネル反射率 R は

$$R = \left(\frac{n_2 - n_1}{n_2 + n_1}\right)^2 \tag{5-1}$$

で与えられる．例に示した GaAs は $n_2 = 3.6$ の屈折率をもつので，空気の屈折率 n_1 を 1 として，反射率は 32％程度となる．反射率が比較的小さいので共振器損失は大きいが，レーザ発振を生じさせるほどのキャリアの大量注入は容易である．キャリアの注入が少ない場合は，反転分布が共振器損失によって相殺され，LD は LED として動作する．光出力は，共振器損失との兼ね合いから，**Fig. 5-15** に示すような折れ線型の特性を示すことになる．LD の出力は，各種化合物半導体の開発，接合技術，積層技術などの向上により，日進月歩で増

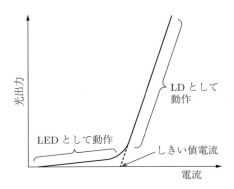

Fig. 5-15 半導体レーザの光出力と電流の関係

加している。

5-4-2 代表的な半導体レーザ

LDの発振波長は，媒質となる半導体の禁制帯幅で決定される。2-2-2項で述べたLEDと同様である。禁制帯幅は，通常，eVの単位で示されることが多く，発振波長は，禁制帯幅のエネルギーをE_g〔eV〕として，式(1-55)より

$$\lambda \approx \frac{1.24}{E_g} \quad \text{〔μm〕} \tag{5-2}$$

となる。禁制帯幅のエネルギーは半導体，化合物半導体ともに固有の値となる。発振波長の制御・変更には，各種半導体を混同し組成を変更することで対応することができる。

実用化されたLDは，おもにIII-V族元素から作られており，初期のLDとしてはAlGaAsなどが有名である。発振波長は近赤外から赤色可視光に分布しており，初期のCD，DVDなどにはこの波長帯のLDが用いられていた。青色，紫外光など，短波長のLDを実現するには，禁制帯幅の広い（絶縁体に近い）半導体結晶を作成する必要があり，それは困難を極めた。1996年にGaN窒化物半導体において波長 $0.365\,\mu\text{m}$ の紫色光の室温連続発振が実現し，LDにおいて光の三原色（RGB，R：赤，G：緑，B：青）を得ることが可能となり，フルカラーディスプレイ，ブルーレイディスクなどの出現に多大な貢献をなした。

5-5　ファイバレーザ

ファイバレーザ（fiber laser）は，希土類元素をドープした光ファイバを媒質として用いたレーザである。光ファイバは石英ガラスを用いて製作されることが多く，ガラスによる固体レーザの一種と位置づけることができるが，異なる形状・励起方法，優れたビーム品質，操作性など，一般の固体レーザとは分けて考えられる場合が多い。ファイバレーザの基本を理解するには，光ファイバに関する諸知識が必要であり，まずは光ファイバの概要について記述していく。

5-5-1 光ファイバ

　光ファイバによる光伝送の原理は，1-1-3 項で述べた全反射現象に基づいている。空気中からガラス中への光入射を考え，光の入射角度が全反射の条件を満たせば，光をガラスの中に閉じ込めることができる。しかしながら，単一成分の光ファイバであれば，屈折率の境界が光ファイバの表面に現れることになり，例えば人が手に触れたりするだけで，その部分で光の損失が生じてしまう。この問題を解決するために，商用の光ファイバでは**コア**（core）と呼ばれる光の伝送領域を**クラッド**（clading）と呼ばれる領域で被覆する 2 層構造が採用されている。また，クラッドはさらに保護のために，プラスチックなどで被覆される。コア部分に光が伝送するように，クラッドの屈折率はコアより低く設定される。

　光ファイバの構造を **Fig. 5-16** に示す。図のように，コアとクラッドの屈折率分布が階段状である場合をステップインデックス型光ファイバと呼ぶ。伝送可能な光の入射角，つまり臨界角 θ_c は，コアとクラッドの屈折率で決まる。コア，クラッドの屈折率をそれぞれ n_{cr}，n_{cl}，空気の屈折率を 1 として，臨界角 θ_c は

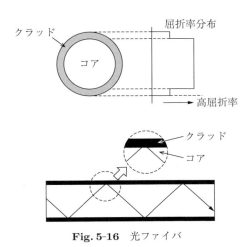

Fig. 5-16 光ファイバ

$$\sin\theta_\mathrm{c} = \sqrt{n_\mathrm{cr}^2 - n_\mathrm{cl}^2} \equiv \mathrm{NA} \tag{5-3}$$

と表すことができる。ここで NA は**開口数**(numerical aperture)と呼ばれている。NA が示す範囲以外から入射した光はファイバ中を伝搬できない。

Fig. 5-17 にはステップインデックス型光ファイバを進む光を光線で示している。光線はクラッドとの境界で反射して折り返しているが,いま,光線を光軸に沿って進む成分と光軸に垂直な「横方向」の成分に分けて考えてみる。横方向の成分はコアとクラッドの境界面で反射する成分であり,1 往復する際の位相変化量が 2π の整数倍であった際にのみ定在波が発生する。つまり,光ファイバのコア内には横方向に定在波が発生する条件を満たした折り返し光線のみの存在が許される。

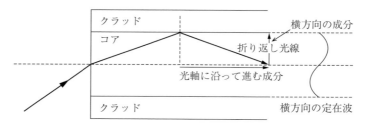

Fig. 5-17 光ファイバ内の光伝搬

横方向における定在波の発生は,光共振器における横モードの発生と似通っている。光ファイバにおいては,全反射の繰返しによって伝送される光のことを**モード**(mode)と呼ぶ光線の組によって表すことが多い。モードの存在は,コアを伝搬する光線とクラッド境界面との角度が特別な場合に許される。光の伝送形態としてのモードが幾通りも存在するファイバを**多モードファイバ**(multimode fiber)という。

ところで,光軸に沿って進む光線とクラッドを反射する光線とでは光路長が異なるため,光の伝送時間に差が生じるようになる。これを**モード分散**(modal dispersion)という。モード分散の存在は光ファイバに入射した光に対して信号歪みを生じさせたり,帯域を制限したりする要因となる。ファイバ内の屈折率を光路長の長い光線に対して低くなるように,逆に光路長の短い光線には屈

折率が高くなるように分布設定した光ファイバをグレーデッドインデックス型光ファイバと呼んでいる。グレーデッドインデックス型光ファイバでは，モード分散を極力少なくすることができる。

ステップインデックス型光ファイバのコア径を小さくしていくと，伝送可能なモードは減少することになる。最低次のモードのみを伝送する光ファイバを**単一モード光ファイバ**（single-mode optical fiber）という。単一モード光ファイバから出射する光の強度分布は正規分布となり，単一横モードのレーザと同様にきわめて高いビーム品質となる。

5-5-2 ファイバレーザの特長

光ファイバのコア部分に Nd，Yb，Er などの希土類元素をドープすると，固体レーザと同様，増幅作用を有するようになる。何らかの方法で光共振器を構成すれば，光ファイバをレーザ媒質としたレーザを実現することができる。これがファイバレーザである。

一例として，ダブルクラッド構造が採用されたファイバレーザを **Fig. 5-18** に示す。ファイバレーザは，通常，LD でポンピングされる。LD からの励起光は外側のクラッド（第 2 クラッド）で反射しながらファイバ内を伝搬するが，その際，コアにドープされた希土類元素が励起を受ける。コアで発生した自然放出光はコア内部で誘導放出を起こし光増幅が生じる。誘導放出による光は内側のクラッド（第 1 クラッド）で反射しながら伝送される。光ファイバの両端にミラーを蒸着したり，**FBG**（fiber bragg grating）と呼ばれる特殊な反射媒

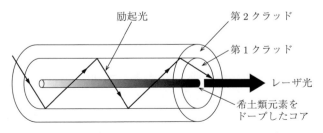

Fig. 5-18 希土類元素ドープダブルクラッドファイバ

体を用いたりすることで光共振器を構成すれば，レーザ発振出力を得ることができる．

ファイバレーザの最大の特長は，光軸方向（縦方向），空間方向（横方向）の光がすべて光ファイバ内に閉じ込められていることにある．発振の効率はYbドープのファイバレーザでは30〜40%を達成可能である．通常のレーザのように，空間に配置しなければならない光学系がなく，一体型（モノリシック）構造のデザインが可能である．レーザ出力の方向はファイバを曲げることによって任意に設定できる．また，ミラーの調整などが不要で出力の安定性はきわめて高い．さらに，レーザ媒質となる光ファイバの表面積は大きく，固体レーザで必須となる冷却の要求が少ない．

レーザビームの径や品質は光ファイバのコア径，NA値で決定される．単一モードファイバの使用では単一横モード出力となり，ビーム品質に優れたレーザ光を容易に得ることができる．

5-6　X線レーザ

1960年のレーザ発明以来，レーザの性能向上のために行われてきた方策は，高出力化，短パルス化，そして短波長化である．1970年代にエキシマレーザが出現し，紫外域での高出力レーザ光を得ることが可能になったが，さらなるレーザの短波長化は困難を極めた．1980〜90年にかけて，ようやくX線領域において発振する**X線レーザ**（X-ray laser）が実現した．以下，その概要を述べていく．

5-6-1　X　　　線

X線と呼ばれる電磁波の領域は，おおむね波長30〜0.1 nm範囲とされている．X線のように極端に短波長の電磁波になると，粒子としての性質を表すほうが便利であり，X線は波長ではなくエネルギーでその領域を示すことが多い．式 (1-55) を用いて，波長0.1 nmのX線のエネルギーを求めると，12.4 keV

となる．有機化合物の分子間結合エネルギーはおおむね 3~6 eV 程度であり，波長 0.1 nm の X 線はそれより 1 000 倍以上のエネルギーを有することがわかる．

X 線はエネルギー状態の高い電子の遷移によって発生する．1-3 節で述べたように，エネルギー状態の高い電子は原子核に束縛されている．1-3 節で例として示した水素は原子番号が小さく，原子核の束縛力が小さいので高エネルギーの電子は存在しない．したがって，原子核に近い電子の遷移であっても，式 (2-3) で示したような紫外，可視光領域の光しか発生しない．原子番号が大きくなるにつれ，原子核の近くには高エネルギーの電子が存在するようになる．金，鉄，アルミニウムなど，原子番号の大きい原子では，原子核から強く束縛された高エネルギーの**内殻電子**（core electron）が存在する．X 線は，この内殻電子を外部から強いエネルギーを与えて遷移させることによって，発生させることができる．

X 線の有名な応用例としてはエックス線写真，いわゆるレントゲンが挙げられる．X 線の透過率は原子番号の小さい元素には高く，大きい元素には低い．レントゲンでは骨や歯が影になって写っているが，これは骨や歯に含まれる P や Ca が X 線を吸収し，人体の水分が X 線を透過することによる．一方で，先にも述べたように，X 線の粒子エネルギーは大きく，多量に長時間の照射を受けると，人体の細胞が壊れることにもなるので注意が必要である．

5-6-2 X 線レーザの構成

X 線レーザの技術的課題は高効率ポンピングと共振器の設計である．X 線レーザにおける励起源は，通常，ピークパワーの高いレーザ光が用いられる．10^9~10^{12} W にも及ぶ短パルス高ピークパワーのレーザ光をターゲットとなる金属などに集光照射し，瞬時に，原子核からすべての電子を剝ぎとれば，レーザの上準位には励起された電子しか存在せず，反転分布状態となる．初期の X 線レーザでは高性能の X 線用ミラーが準備できなかったため，レーザ光をターゲットに線状集光し，空間的に線状に分布する反転分布を形成させていた．原子核か

ら剥ぎとられた電子が再び原子核に戻る際にX線を放出するが,反転分布が空間的に線状となっているため,X線が誘導放出によって増幅され,コヒーレントで強力なX線が発生する。このようにして得られたX線レーザは,共振器を用いない,**自然放出増幅光**（amplified spontaneous emission）である。近年では金属薄膜の積層技術が向上し,特定のX線領域で反射するミラーの製作が可能となっている。したがって,高ピークパワーレーザを線状集光する必要性はなく,X線レーザの励起に必要なエネルギーは大幅に緩和されている。また,ポンピング方法も二つのレーザパルスでイオン化,イオンの励起を行うなどの改善がみられている。

X線レーザは,医療診断,X線ホログラフィなどの応用を目的として,性能向上のための研究開発が現在も進められている。

5-7 自由電子レーザ

自由電子レーザ（free electron laser）は,いままでに述べてきたような電子の準位間遷移による光放出を用いないので,通常のレーザとはかなり様相が異なる。名のとおり,レーザ媒質には自由電子が用いられる。ここでは,まず,電子の加速度運動による電磁波の発生原理を述べ,次いで自由電子レーザの概要を紹介する。

5-7-1 制 動 放 射

加速度運動している自由電子のような電荷をもった粒子に何らかの形で進行方向の変化,減速などを生じさせると,電子は電磁波を放出する。この現象を**制動放射**（bremsstrahlung）と呼んでいる。制動放射は電子の進行方向と逆の加速度を加える,つまりブレーキ（制動）をかけることによって発生する電磁波放射の総称である。電子が急激に減速を受けることによって失うエネルギーが光のエネルギーとして放出されるのである。

制動放射の例としては,**Fig. 5-19**に原理図を示すように,X線管からのX

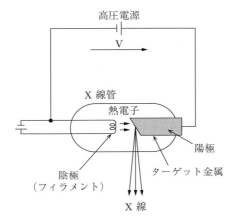

Fig. 5-19 X線管によるX線発生

線発生がある．陰極フィラメントにあらかじめ電流を流して加熱しておき，電極間に高電界を加えると，フィラメントから発生した熱電子は陽極に高速でぶつかり減速する．減速によるエネルギーの大部分は熱に変換されるため，陽極は極端に高温となるが，失われたエネルギーの一部が制動放射によって連続的なスペクトルを有するX線として放出される．したがって，放出されるX線の光子エネルギー E_X は，電界による加速エネルギーを下回ることになり

$$E_X \leq qV \tag{5-4}$$

が成立する．ここで，q は電荷素量，V は高圧電源の電圧である．

5-7-2 自由電子レーザの構成

制動放射における電子の減速度合いを何らかの形で制御すれば，X線のみならず，任意の波長帯での電磁波放出を実現することができる．ここで述べる自由電子レーザでは，周期的に変化する磁場中を通り過ぎる自由電子から放出される電磁波を利用するものである．周期的磁場はN極とS極の永久磁石を交互に並べることによって作り上げる．

Fig. 5-20 に一般的な自由電子レーザの構成を示す．進行する電子が磁場の

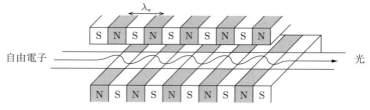

Fig. 5-20 自由電子レーザの構成

中に入ると,その進路が曲げられる。最初の磁石が電子をある方向に曲げると,2番目の磁石は極性が異なるので,1番目と逆方向に電子を曲げる。こうして,電子がジグザグに周期的磁場の中を進むと,電子はその進行方向に最大強度を有する電磁波を放出する。電磁波の波長は

$$\lambda = \frac{\lambda_w}{\left[2\left(1-\dfrac{v^2}{c^2}\right)\right]} \tag{5-5}$$

で与えられる。ここで λ_w は磁石の周期(Fig. 5-20 参照),v は電子の速度,c は光速である。自由電子は,原子核に束縛されていないので,特定のエネルギー準位に固定されていない。電磁波の波長は,磁石の周期,電子の速度を変化させることによって任意に調整可能である。そして,何らかの形で外部に光共振器を構成すれば,自由電子レーザとなる。自由電子レーザでは電子の速度が光速に近くなるまで加速される。したがって,相対論的効果によって電子の質量が重くなり,エネルギー(波長)変化が生じることも理解しておくべきである。

自由電子レーザの波長可変においては,磁石の周期を変化させるのは困難であり,通常は電子の速度を変化させることになる。その範囲はマイクロ波からX線の領域にもわたるきわめて広いものとなる。

演 習 問 題

1. 本章で概要を紹介した各種レーザの中では Nd:Glass レーザが最も大出力化が可能である。この理由を調べよ。

2. ファイバレーザは，今後，さまざまな分野において産業応用される可能性を秘めている。この理由を調べよ。

3. エキシマレーザは電子ビーム励起されることもある。電子ビームによるエキシマレーザ励起の長所，短所について調べよ。

4. 近年，固体レーザは半導体レーザ励起されるのが主流となっている。フラッシュランプ励起に比べて，半導体レーザ励起の利点を述べよ。

第6章

レーザ制御

　第5章で述べたように，レーザにはさまざまな種類があり，それぞれに異なった出力特性をもつ。レーザをさまざまな分野で活用するにはレーザ光の制御技術を欠かすことができない。レーザの制御技術は大きく分けて2通りあり，光共振器内部と光共振器外部での制御に分類することができる。光共振器外部でのレーザ光の制御の代表的なものは，光学素子を用いた反射，屈折，集光などである。また，製品によっては光共振器外部で出力制御を行っているものもある。光共振器内部での制御技術としては，レーザ強度，発振形態，パルス幅可変などがある。この章では，レーザにおける代表的な制御方法の概要について述べていく。

6-1　光共振器内部でのレーザ制御

　光共振器内部におけるレーザ制御の代表例は発振モードの制御である。積極的に発振モードの安定化対策を行っていないレーザの縦モード，横モードは，ポンピング強度（レーザ出力）の変化，光共振器ミラーの熱膨張，外部ノイズなどの要因により，たえず変動している。
　縦モードの安定化には，先に述べたエタロン板を光共振器内に挿入するのが有効である。エタロン板の厚さを適当に選ぶことによって，受動的に特定のモードのみを発振させることが可能となる。横モードの制御は，ポンピング強度，レーザ出力にかかわらず，つねに単一横モード発振を得たい場合に行われる。光共振器内にビーム径拡大のための光学素子やピンホールなどの適当な絞りを挿入することによって多モード化を防ぐ。これらの例は光共振器内を受動的に

制御する手法であるが，外部より積極的に光共振器内を制御する手法も存在する。その代表例はパルスレーザにおける **Q スイッチング**（Q-switching）および**モード同期**（mode lock）と呼ばれる技術であり，以下，それらの詳細について述べていく。

6-1-1　Q スイッチング

レーザのパルス動作にはパルス励起を用いるなどの方法があるが，レーザのピークパワーを高めるにはナノ秒オーダのパルス発振光を得るのが有利であり，そのための代表的な方法が Q スイッチングである。Q は quality の頭文字をとっており，光共振器の品質を表している。**Q 値**（quality factor）は光共振器性能の目安であり，光共振器内に蓄積できるエネルギーと損失エネルギーとの割合で定義されている。

Fig. 6-1 に示すような，長さ L の光共振器中を往復する N 個の光子を考えることによって，Q 値を定式化してみる。光共振器を構成するミラーの反射率をそれぞれ R_1, R_2 とすると，光子は光共振器を 1 往復することによって $N \cdot R_1 \cdot R_2$ 個に減少する。この損失は $2L/c$ の時間にわたって継続するので，これをエネルギーの損失率 E_1' として評価すると

$$E_1' = \frac{N(1 - R_1 R_2) \cdot h\nu c}{2L} \tag{6-1}$$

となる。光子に対応する電磁波の 1 サイクルは λ/c（$= 1/\nu$）であり，この時

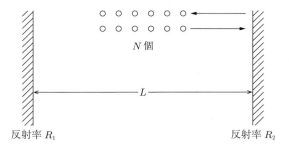

Fig. 6-1　共振器を往復する N 個の光子

間中でのエネルギーの損失 E_l は

$$E_l = \frac{N(1-R_1R_2) \cdot h\nu\lambda}{2L} \tag{6-2}$$

と表すことができる。光共振器中の全エネルギーは $N \cdot h\nu$ であるので，Q 値は，全エネルギーと損失の比率として

$$Q = \frac{2\pi \cdot N \cdot h\nu}{N(1-R_1R_2) \cdot \dfrac{h\nu\lambda}{2L}} \tag{6-3}$$

と示すことができる。これを整理すると

$$Q = \frac{4\pi L}{\lambda} \frac{1}{1-R_1R_2} \tag{6-4}$$

が得られる。

電気系の学生，エンジニアは，共振回路を学んだ際，共振特性の鋭さを表す指標としての Q 値の存在を認識しているはずである。RLC（抵抗，インダクタ，キャパシタ）直列共振回路における Q 値は以下のように示すことができる。

$$\begin{aligned} Q &= \frac{\omega L}{R} \\ &= \frac{\dfrac{1}{\omega C}}{R} \end{aligned} \tag{6-5}$$

ここに ω は共振角振動数であり，ν を振動数として $\omega = 2\pi\nu$ である。共振回路の Q は誘導あるいは容量リアクタンスと電気抵抗値の比で表現されている。すなわち，電気回路に蓄積可能な磁気あるいは静電エネルギーとエネルギー消費（損失）の割合を示しており，式 (6-3) と同じ意味をもつ。

話をレーザにおける Q スイッチングに戻す。光共振器の Q 値が小さい場合は光共振器内部の損失が大きいことを意味するので，レーザ発振は生じにくくなる。一方で，Q 値が大きくなればレーザ発振は生じやすい。Q スイッチングによるナノ秒オーダパルスの発生は，光共振器の Q 値を何らかの方法で時間的に急速に変化させることによって達成される。

Fig. 6-2 に Q スイッチングレーザ動作におけるポンピング，Q 値，反転分

6-1 光共振器内部でのレーザ制御

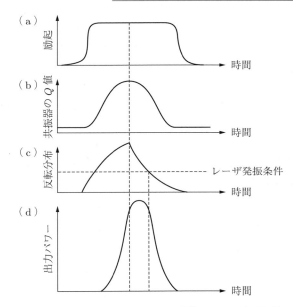

Fig. 6-2 Qスイッチングレーザ動作における時間関係

布,出力の時間関係を示している。図（a）はポンピングエネルギー（フラッシュランプ,LDなど）,図（b）は光共振器のQ値,図（c）は反転分布ΔN,図（d）はQスイッチングレーザ出力である。ポンピングが続いている間,人工的にQ値を減少（損失を導入）させると,レーザ発振が生じないので反転分布ΔNが増加し,増幅利得がきわめて大きな値に達する。増幅利得が極大になったとき,ナノ秒オーダで急激にQ値を増大（損失を除去）させるとレーザ発振が開始する。光共振器損失の制御には,**Fig. 6-2**に示すように,共振器内に「高速シャッター」動作するデバイス,光スイッチを挿入する。Qスイッチングはレーザ光を強度変調することによって達成されるのである。発振したレーザ光は,短時間のパルス内に巨大なエネルギーを含み,高いピークパワーをもつ。

Qスイッチングの技術は固体レーザに導入されている事例が多い。市販されている数ナノ～数十ナノ秒でパルス発振するNd:YAGレーザには,例外なしにQスイッチング技術が導入されている。**Fig. 6-3**に示す高速光シャッターに

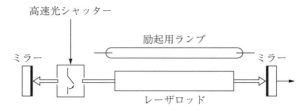

Fig. 6-3 光共振器内に設置された「高速光シャッター」

は，一般に，**電気光学効果**（electro-optic effect），**音響光学効果**（acousto-optic effect），**可飽和吸収**（saturable absorption）を利用したデバイスが採用される。

　光学的異方性を示すある種の強誘電体結晶に外部から電界を加えると，電界の強さに応じて屈折率の大きさに変化が生じる。この効果が生じる結晶や物質のことを電気光学素子という。電界の1乗に比例する場合を**ポッケルス効果**（Pockels effect），2乗に比例する場合は**カー効果**（Kerr effect）と呼んでいる。**Fig. 6-4** に電気光学素子を挿入した光共振器の一例を示す。電気光学素子にはさまざまな種類があるが，ポッケルス効果における**半波長電圧**（half wave voltage）は，結晶固有の電気光学定数に従い，通常の固体レーザで用いられる素子では波長 1 μm に対して数 kV 程度の大きさとなる。半波長電圧とは屈折率変化による光の位相変化が π rad に達する電圧のことである。高速光シャッター，つまり光強度変調器として電気光学素子を用いるには，偏光の回転を利用することが多い。結晶に電圧を加えないときには光が偏光子を透過できないようにしておき（Q 値が小さい状態），電圧を加えた際に光の偏光が回転して，偏光子を透過できるように（Q 値が高い状態）設定すれば，光シャッターとして機能する。ナノ秒程度の高速パルス電界を電気光学素子に加えることによっ

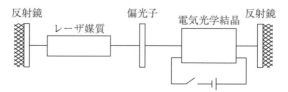

Fig. 6-4 電気光学結晶による Q スイッチング

てQスイッチング動作させれば，高ピークパワーのレーザ出力を容易に得ることができる。

Fig. 6-5に示すように，圧電素子を取り付けた結晶などに外部から電圧を加えて，結晶内部に音波を発生させると，音波の伝搬に沿って規則的な屈折率分布構造を作り上げることができる。このような素子を音響光学素子という。

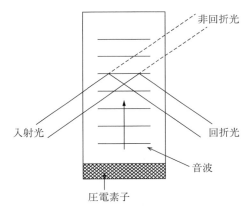

Fig. 6-5 音響光学素子による Q 値の制御

音響光学素子に入射した光は結晶中に生じた屈折率分布によって回折を受けるので，これを光共振器内に挿入すれば光共振器内部の損失制御，つまり Q 値の制御が可能となる。圧電素子に加える電圧の周波数を MHz 以上にすれば，ナノ秒の高速 Q スイッチングデバイスとして利用できる。

電気光学素子および音響光学素子を用いた光共振器損失の制御は，外部より積極的に行われるものであり，**能動的 Q スイッチング**（active Q switching）と呼ばれる。一方で，光自身の電磁場などを用い，受動的に損失の制御を行う**受動的 Q スイッチング**（passive Q switching）の手法も存在する。その代表例が可飽和吸収体を用いるものである。

可飽和吸収体は光の入射強度が小さいときは吸収が大きく，光強度が大きくなれば吸収が減少する性質をもつ物質である。可飽和吸収が生じたときの吸収係数 α_s は以下のように示される。

$$\alpha_\mathrm{s} = \frac{\alpha}{1 + \dfrac{I}{I_\mathrm{S}}} \tag{6-6}$$

ここで，α は光の強度 I が小さいときの吸収係数，I_S は**飽和光強度**（saturation intensity）と呼ばれ，吸収係数がもとの値の1/2に達するときの光強度であり，物質固有の値である．可飽和吸収体の吸収の大きさと光強度との関係を **Fig. 6-6** に示す．このような性質を有する物質を光共振器内に挿入すれば，入射する光自身の強度によって光共振器損失が制御可能となる．

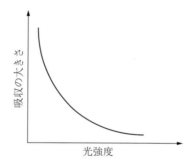

Fig. 6-6　可飽和吸収体における吸収と光強度の関係

　物質が光を吸収する際には，その物質の電子，原子，分子などが関係しているが，励起状態と基底状態の電子の数が大きく異ならない状態にまで励起が進めば，吸収能が下がり，吸収係数は低下する．これが可飽和吸収の原理である．したがって，可飽和吸収特性自体は多くの物質に広くみられる性質である．可飽和吸収を起こすのに必要な光強度，吸収波長，吸収特性の回復時間などに望ましい値のものがあれば，容易にQスイッチング用の素子として応用可能となる．古くから色素溶液などが可飽和吸収体として用いられているが，近年では可視から近赤外領域で広く使用可能な半導体がQスイッチング用デバイスとして重宝されている．特に光共振器のミラーと一体化した**半導体可飽和吸収ミラー**（semiconductor saturable absorber mirror, SESAM）は，Qスイッチングのみならず，つぎに述べるモード同期用のデバイスとしても広く用いられている．

6-1-2 モード同期

モード同期の技術を光共振器に導入すれば，不確定性原理によって制限される極限の短パルスレーザ光の発生が可能となる．**Fig. 6-7** に包絡線をもつレーザパルスにおける電磁波（正弦波振動）の時間変化とそのフーリエ変換後を図示する．包絡線をもたない単調に振動する正弦波のフーリエ変換は単一スペクトルとなるが，そうでない場合は，図のように，スペクトルに広がり（帯域幅）が生じる．スペクトル幅と時間の関係は，1-2-5 項の不確定性原理で示した式 (1-46) より

$$\Delta\nu \cdot \tau_P \approx 1 \tag{6-7}$$

である．ここに $\Delta\nu$ はスペクトル幅，τ_P は時間幅，つまりはレーザのパルス幅である．フーリエ変換の関係にある $\Delta\nu$ と τ_P の積は一定の値となる．スペクトル帯域が決まると得られるパルス幅の最小値が決まることになり，特にスペクトルあるいは正弦波振動の包絡線がローレンツ型の広がりをもつ場合は

$$\Delta\nu \cdot \tau_P = 0.60 \tag{6-8}$$

となる．定まったスペクトル帯域によって合成されるパルス出力の中で最短のパルス幅となるものを**フーリエ変換極限パルス**（transform-limited pulse）という．ピコ秒〜フェムト秒の超短パルスレーザ出力を得るには，広いスペクトル帯域でレーザ発振させ，さらにスペクトル間の位相関係をパルスが短くなるように同期させることが必要となる．

モード同期はフーリエ変換極限パルスを発生させる技術である．式 (3-26) で

Fig. 6-7 包絡線を有する電磁波（正弦波振動）のフーリエ変換

示したように,光共振器における縦モードの共振周波数は,光共振器長を L, c を光速として

$$\delta\nu = \frac{c}{2L} \tag{6-9}$$

で等間隔に並んでいる。利得のスペクトル帯域が広い場合は,Fig. 3-15 に示したように,複数の縦モードが同時に発振する。これら縦モードはそれぞれ発振周波数(発振波長)がわずかに異なるため分散が生じ,完全には等間隔で発振しておらず,それぞれの相対的な位相関係もランダムとなっている。このためモード間の干渉が生じ,合成したレーザ出力は時間的に安定せず,出力が時間的に変動する。縦モード間の相対位相を同一にすると,一定間隔の周波数の電界が重ね合わされて,規則的なフーリエ変換極限パルス列を得ることができる(**Fig. 6-8**)。具体的には縦モード周波数間隔 $\delta\nu$ に等しい周波数変調を光共振器内で行えば,縦モード間に結合が生じる。これにより,縦モードの周波数間隔が変調の周波数に固定され,さらに縦モードの相対的な位相関係も固定される。

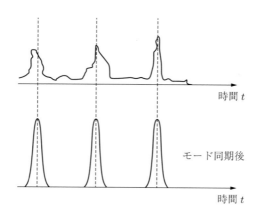

Fig. 6-8 モード同期発振レーザパルス

モード同期は,Q スイッチングと同様に,光共振器内の損失制御で行われる。電気光学素子,音響光学素子,さらに可飽和吸収体を利用することができ,**能動的モード同期**(active mode lock),**受動的モード同期**(passive mode lock)

の 2 通りがある．

　いま，1.5 m の光共振器長において，音響光学素子を用いたモード同期を考える．

$$\delta\nu = \frac{c}{2L}$$
$$= \frac{3\times 10^8}{2\times 1.5}$$
$$= 100\times 10^6 \quad \text{Hz}$$

の高周波信号を音響光学素子に供給すれば，$2L/c$ 秒ごとの非常に短い時間だけ，レーザ光が共振器を往復可能となる．縦モードは共振器損失の周期的な変動によってつねに一定に保たれ，位相結合が生じ，結果としてフーリエ変換極限パルスが発生する．

　Nd:YAG レーザ光のスペクトル広がり幅（帯域幅）は，レーザ発振時においておおむね $\Delta\nu = 100\,\text{GHz}$ 程度である．モード同期を行えば，式 (6-7) に示した関係から，パルス幅として約 $\tau_\text{P} = 10\,\text{ps}$ のレーザパルスを得ることができる．レーザ光は 10 ps の間にエネルギー集中して出力され，きわめて大きなピークパワーとなる．

6-1-3　パルス幅の可変

　パルスレーザのパルス幅は，パルス励起の形態を変化させることによって制御可能ではあるが，ナノ，ピコ秒領域で発振する短パルスのレーザにおいては，光共振器内部で制御が行われる．

　パルス幅の可変は，レーザ発振時におけるスペクトルの広がり幅を制御するのが簡便である．縦モードのスペクトル広がり幅は，光共振器内にエタロン板などの周波数選択素子を挿入することによって制御可能であることを先に述べた．特定のモードのみを狭いスペクトル幅で発振するようにエタロンを調整すれば，モード同期時に得られるパルス幅は，波の不確定性によって広がることになる．また，Q スイッチングは適当なタイミングで光共振器の Q 値を変化させ

る技術であるが，発生するレーザパルスの幅はポンピングパワー，Qスイッチング動作のタイミング，強度変調の深さ，光共振器損失などによって異なってくる。これらを適切に制御することによって，範囲は広くはないが，パルス幅の可変は可能である。周波数チャープパルスによるパルス幅の制御技術については6-2-9項にて述べる。

6-2　光共振器外部でのレーザ制御

光共振器外部に出力されたレーザの制御手法は幾通りも存在するが，ここでは現実に頻繁に用いられる代表的な例のみを示していく。

6-2-1　レーザ光の進路変更

レーザ応用においては，光共振器から出力されたレーザ光をそのまま使用することは非常に少ない。一般にはレーザ光の進路を変化させたり，集光したり，走査したりなど，光共振器の外部でさまざまな制御・操作が行われる。

レーザ光の進路の変更にはミラー，プリズムが用いられる。レーザ用のミラーにはレーザ光の波長と同程度かそれ以下の高い面精度が要求されており，精密研磨技術により，波長の1/10程度まで面精度を高めたガラスなどの基板にアルミニウム，金などの金属や誘電体の膜をコーティングしたものが使用されている。反射率を高めるためには，屈折率の異なる誘電体を交互に蒸着した多層膜が有利である。一般に金属膜はレーザの損傷しきい値が低いので，高いピークパワーのレーザには誘電体蒸着ミラーが使用される。ミラー表面に埃などが付着していると反射レーザ光が散乱を受けるため，クリーンな環境下での使用が望ましい。ミラーで反射されたレーザ光の進路は，式(1-2)で示した，反射の法則に従う。プリズムにおいても，**Fig. 6-9** に示すように，レーザ光の進路変更が可能であるが，特別な用途を除き，あまり使用されない。また，ファイバレーザの出射光，あるいは光ファイバに入射したレーザ光の進路は，光ファイバを曲げることによって任意に変更可能である。

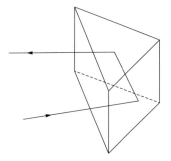

Fig. 6-9 プリズムによるレーザ光の反射

6-2-2 レーザ光の集光

 レーザ光の集光には，透過型の光学素子としてレンズ，反射型として凹面ミラーなどが用いられる．4-2-6項および式 (4-9) で示したように，レーザの集光性能はレーザの波長，使用するレンズ（凹面ミラー）の焦点距離，Fナンバー，横モードの発振状況によって異なってくる．

 レンズにおいてもミラーと同様に波長オーダの面精度が要求される．レンズは透過型で使用するので，レンズ表面において，式 (5-1) に示したように，フレネル反射が生じる．フレネル反射とは，異なった屈折率をもつ物質の境界面に光が入射する際，その光の一部に対して生じる反射のことをいい，屈折率 1.0 の空気から 1.5 のガラスに入射する際はおおむね 4% の反射率となる．レーザ光はレンズを透過するたびに一定の損失を受ける．これを避けるために，レーザ用の

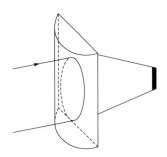

Fig. 6-10 シリンドリカルレンズによるレーザ光の線状集光

レンズでは表面に誘電体多層膜の**無反射コーティング**（antireflection coating）を施す場合が多い。

また，応用によってはレーザ光を1軸方向のみに線状集光させる場合がある。このような要求には円筒状のシリンドリカルレンズが用いられる（**Fig. 6-10**）。

6-2-3　レーザ光の結像

凸レンズを用いた結像（実像の転送）を **Fig. 6-11** に示す。レンズによる像転送は，カメラ，プロジェクタなど，身近によく応用されている。ある位置の空間強度分布を後段に転送する必要がある場合，また，レーザ光の空間強度分布をCCDカメラなどでモニタしたい場合など，レーザ光の進路に凸レンズを挿入し，結像を行う場合がある。Fig. 6-11において，物体と第1主面との距離をa，第2主面と像との距離をbとすると，物体と実像が形成される位置との関係は，よく知られているように

$$\frac{1}{a}+\frac{1}{b}=\frac{1}{f} \tag{6-10}$$

と示される。ここでfは凸レンズの**焦点距離**（focusing length）である。結像の倍率はb/aであり，式 (6-10) において$a=b$が成立すれば，1:1の像転送となる。仮に$a=\infty$とすれば，$b=f$であり，無限遠点の物体はレンズの焦点

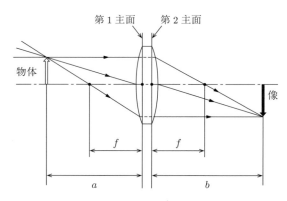

Fig. 6-11　凸レンズによる結像

距離の面に転送されることになる．したがって，**Fig. 6-12** のような配置においては，レンズ A の焦点位置の像がレンズ B の焦点位置に転送され，この際，レンズ間の距離は結像と無関係になる．像の大きさ d_2 は

$$\begin{aligned} d_2 &= \frac{f_2}{f_1} d_1 \\ &= m d_1 \end{aligned} \qquad (6\text{--}11)$$

と示される．$m = f_2/f_1$ は倍率である．

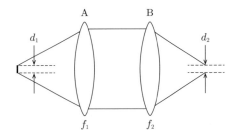

Fig. 6-12 凸レンズによる結像

2個の凸レンズを **Fig. 6-13** のように配置することによっても実像の転送を行うことができる．このような複数のレンズによる**リレーレンズ系**（relay lens system）においては，幾何光学における**光線行列**（optical ray matrix）を用いた解析が便利である．光線行列では，光線の光軸からの高さと光軸に対する傾きを同時に計算することができる．Fig. 6-13 における伝達マトリクスは

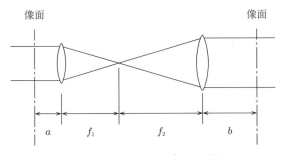

Fig. 6-13 2枚の凸レンズによる像転送

$$t = \begin{pmatrix} 1 & b \\ 0 & 1 \end{pmatrix} \begin{pmatrix} 1 & 0 \\ -1/f_2 & 1 \end{pmatrix} \begin{pmatrix} 1 & f_1+f_2 \\ 0 & 1 \end{pmatrix} \begin{pmatrix} 1 & 0 \\ -1/f_1 & 1 \end{pmatrix} \begin{pmatrix} 1 & a \\ 0 & 1 \end{pmatrix}$$
(6-12)

と示され，これを解くと

$$t = \begin{pmatrix} -m & -ma - \dfrac{b}{m} + f_1 + f_2 \\ 0 & -\dfrac{1}{m} \end{pmatrix}$$
(6-13)

を得ることができる。ここに $m = f_2/f_1$ は倍率である。a の距離にある物体が m 倍の倍率で b に転送されたとすると

$$-ma - \frac{b}{m} + f_1 + f_2 = 0 \tag{6-14}$$

が成立する。レンズの焦点距離と a の距離が既知であれば，像転送の位置を計算することができる。Fig. 6-13 のような配置では，レンズ系に直進してきた光が直進して出力され，かつ，像転送が行われることになる。

ところで，Fig. 6-13 の配置においては，2 枚のレンズの焦点距離を適当に選ぶことで，像転送と同時にレーザ光のビーム径を拡大することができる。ビーム径の拡大に特化してレンズ系を構成する場合，このような光学素子を**ビームエクスパンダ**（beam expander）と呼んでいる。

6-2-4 アラインメント

ここまでミラー，レンズなどを用いたレーザ光の進路変更，集光，結像などについて述べてきたが，現実のレーザ応用においては，ミラー，レンズなどの光学素子が混在した光学系が用いられることが多い。ミラー，レンズなどの光学系に必要な機能を満たさせるには，レーザ光に対して個々の光学素子が適切な位置に配置されているか，もしくは光学素子に対して適切な位置にレーザ光が照射されていなければならない。例えば，レーザ光を集光する場合，レーザ光の照射位置がレンズの中心からずれていれば，レンズを透過したレーザ光は光軸に対して傾斜して進むことになる。また，集光スポットが左右上下非対称

になる，結像された像が歪むなど，種々の応用において機能の低下を生じる。

ミラー，レンズなどの光学素子にはそれぞれの材料や口径によって適切なホルダが市販されている。通常，光学素子は専用ホルダに装着され，防振台などに機械的に固定される。したがって，レーザ光の進路変更，集光，結像などの制御を適切に行うには，レーザ光を光学素子の適切な位置に導くための光学調整，いわゆる**アラインメント**（alignment）の技術が重要となる。レーザ応用，各種実験の結果の質はアラインメントによって決まるといっても過言ではない。ホルダの光軸高さを合わせ，かつ，ホルダどうしが空間的に干渉しない配置を選び，レーザ光がホルダに装着された光学素子の中心に照射されるように注意深いアラインメントを行う必要がある。

6-2-5 レーザ光の空間フィルタリング

レーザ光はほぼ単一波長で発振しているので，電気信号のように周波数（波長）領域でフィルタをかける要求は少ない。しかしながら，空間領域においてはレーザ光の伝搬に従い強度分布中に不規則な振動成分が現れる場合がある。不規則な強度振動成分は空気中に存在する微粒子（埃など）などによる散乱や光学素子の不完全さ（面精度の良悪，歪みなど）によって生じると考えられ，これを除去するには空間的にフィルタをかける必要が生じる。レーザ光の**空間フィルタ**（spatial filter）は，レーザ光の強度分布から不規則な「ノイズ」成分を除去することができ，光情報を正確に伝えなければならないホログラフィ（7-2-2 項を参照）や情報処理において有効な手段となっている。

空間フィルタの構成は容易である。**Fig. 6-14** に示すように，凸レンズ対の共焦点位置にピンホールを置くだけである。また，このレンズ配置は Fig. 6-13 とまったく同じである。ピンホールによって空間フィルタリングが行える理由はレンズによるフーリエ変換作用に基づいている。波動光学的観点からレンズを考察すると，レンズに入射した光の空間振幅分布がレンズの焦点距離の位置でフーリエ変換された分布になることが導かれる。つまり，レンズ焦点面では入射した光の**空間周波数**（spatial frequency）情報が形成されるのである。空

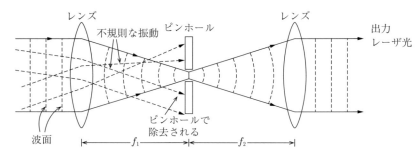

Fig. 6-14 空間フィルタ

間周波数とは単位距離ごとに繰り返される光振幅あるいは強度のことを意味し，line/mm のような単位で示され，レンズ解像度の表現にも用いられる。

　空間フィルタの性能はピンホールの大きさによって決まる。微粒子による散乱などで発生する光の「ノイズ」は，通常，高い空間周波数の成分としてレーザの空間強度分布に重畳する。レンズ焦点でのフーリエ変換面では，高い空間周波数成分の光強度が光軸から離れた位置に到達するので，ピンホールの大きさがその成分をカットするのに十分小さければ空間フィルタリングが達成され，光の「ノイズ」は後方に伝搬しない。

　空間フィルタは，2枚のレンズの焦点距離，ピンホール径の大きさを適当に選ぶことによって，ビーム径の拡大，空間フィルタリング，そして像転送の3通りの役割を果たすことができる。空間フィルタは，先に述べた高出力ガラスレーザシステムにおいて，3通りの役割を果たす光学素子として導入される場合がある。

6-2-6　レーザ光の偏光制御

　光共振器から出射されるレーザ光の偏光状態は，光共振器内部で積極的な対策を行わない場合，無偏光となる。レーザ媒質の角度を光共振器内でブリュースター角（1-1-6項参照）に傾けたり，気体レーザにおいては放電管の窓，固体レーザにおいてはロッド端面をブリュースター角にカットしたりすると，光共振器からは直線偏光のレーザ光が出射される。光共振器外部でレーザ光の偏

光を，例えば直線偏光から円偏光に変化させる場合は，通常，**位相板**（phase plate）が用いられる．位相板は，入射されたレーザ光に位相差を与え，偏光状態を変化させる光学素子である．位相板では，水晶などの光学的異方性を示す物質が有する偏光成分に対しての異なる屈折率を利用することによって，レーザ光に位相差を与えている．

いま，**Fig. 6**-**15** に示すように，光学的異方性を示す結晶を適切な角度で切り出し，直線偏光を有するレーザ光を入射したとする．図中 V および H で示した方向の直線偏光に対する屈折率をそれぞれ n_1 および n_2 とすると，結晶内部での光の伝搬速度の大きさは，真空中の光速を c として，それぞれ

$$v_1 = \frac{c}{n_1}, \quad v_2 = \frac{c}{n_2} \tag{6-15}$$

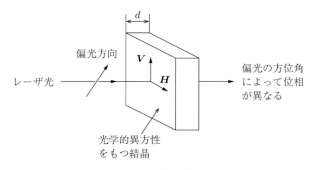

Fig. 6-**15** 位 相 板

となる．したがって，レーザ光には光学的異方性結晶を通過することによって位相差が生じる．位相差の大きさ δ は

$$\delta = \frac{2\pi}{\lambda}(n_1 - n_2)d \tag{6-16}$$

となる．ここに λ はレーザ波長，d は結晶の厚さである．位相差 δ の大きさがレーザ波長に対して 1/4 の場合を 1/4 波長板，1/2 の場合を 1/2 波長板と呼んでいる．

1/4 波長板に適切な方位角で直線偏光のレーザ光を入射すると，円偏光のレー

ザ光を得ることができる。1/2 波長板では，直線偏光の方向を 90° 回転させてレーザ出力を得ることができる。

6-2-7　レーザ光のパワー制御

　レーザ光のパワーが，応用において強すぎる場合は，パワーを減衰させる必要がある。レーザパワーはポンピング強度，さらに共振器の損失によって制御することが可能ではあるが，その場合，レーザの種類によっては縦モード，横モード，さらにパルス発振のレーザではパルス幅にも変化が生じる場合がある。レーザ光の諸特性の変化なしに，パワーのみを変化させるには光共振器外部でのパワー制御が有効である。

　最も簡便な方法は **ND フィルタ**（neutral density filter）の利用である。レーザ光のエネルギーを ND フィルタに吸収させて減衰させるのである。ND フィルタは光吸収率の波長依存性を極力小さくするように設計されており，基板となるガラス材料に光を吸収する物質を混ぜるか，または基板の表面に金属薄膜などを成膜するかによって作製される。ND フィルタでは，通常，光減衰の割合を**光学濃度**（optical density, OD）で示している。OD は以下の式で定義されている。

$$\mathrm{OD} = \log_{10}\left(\frac{1}{T}\right) \tag{6-17}$$

ここで，T はフィルタの透過率である。光減衰の割合を OD で定義する理由は，フィルタを複数枚重ね合わせたときの全体の減衰率を求めやすくするためである。ND フィルタをレーザの光路に挿入すれば，簡単に所定のレーザパワーを得ることができる。

　レーザのピークパワーが大きい場合や，ND フィルタを透過することによる光波面の乱れが問題になる場合は，偏光板を用いたパワー制御が有効である。**Fig. 6-16**（a）のように，2 枚の偏光板を光路に挿入し，それぞれの直線偏光が透過する方向を直交するように配置すると，消光が起きる。この状態を**直交ニコル**（crossed nicols）という。一方，Fig. 6-16（b）のように，2 枚目の偏

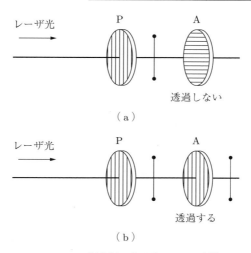

Fig. 6-16 偏光板による光のパワー制御

光板を回転し，直線偏光が透過する方向を 1 枚目の偏光板と一致させると光の透過率は最大となる。この状態を**平行ニコル**（parallel nicols）という。レーザパワーは偏光板の回転により任意に制御することができる。

6-2-8 レーザ光の高調波変換

非線形光学効果（nonlinear optical effect）を利用すると，レーザ光の波長を変化させることができる。5-2-1 項で Nd:YAG レーザの**高調波変換**（harmonic conversion）について言及したが，レーザ光の基本波（発振波長，発振周波数）から高調波への変換は特定の物質（結晶など）における非線形光学効果を利用したものである。非線形とは加えられた外力とその結果に比例関係が成立しないことをいう。バネと錘の関係はフックの法則によって比例関係にあって線形性が保たれているが，錘が重くなってくるとバネが延びきってしまい，錘とバネの延びの関係は非線形となる。

いま，電気回路の線形素子であるキャパシタ（コンデンサ）を例にとって非線形性について考えてみる。キャパシタは電極間に誘電体をはさんだ素子であり，外部回路に電源をつなぐと電荷が充電される。正弦波交流電圧 v を入力，

充電される電荷 q を出力とすると，入出力の関係は

$$q = Cv \tag{6-18}$$

と示される．ここで，C は定数であり，電気容量あるいは単に容量と呼ばれる定数である．交流電圧 v の振幅が極端に大きくなり，キャパシタを構成する誘電体の特性などが微妙に変化すれば，C を定数として考えることができなくなり，電荷 q は v の振幅の大きさとともに変化する量として扱う必要が生じる．式 (6-18) は，以下のように書き換えることができる．

$$\begin{aligned}q &= C(v)v \\ &= C_1 v + C_2 v^2 + C_3 v^3 + C_4 v^4 + \cdots\end{aligned} \tag{6-19}$$

この式において，C_1 のみを考えれば，q は v に線形応答することになるが，C_2，C_3，$C_4 \cdots$ を考慮すると非線形応答となる．非線形性に関わる C_2，C_3，C_4 は，一般に非常に値が小さく，v が相当大きくならない限り効いてこない．

式 (6-19) は交流電圧 v の振幅が大きくなり，C_2 が効果を示すようになると v の周波数の 2 倍高調波，C_3 が効いてくれば 3 倍高調波が発生することを示している．アコースティックギターの弦を強く弾くと，弱く弾いたときに比べ，若干高い音が混じっているように聞こえるが，音色が違ってくるのは，ギターから出る音に含まれる高調波の割合が大きくなることによる．レーザ光の高調波変換は，特定の物質内での非線形性を利用して高調波，つまり基本波よりも波長の短い光を発生させる技術である．

非線形光学効果はレーザ光の強い電磁界によって引き起こされる．本書では詳細を述べていないが，物質中における光の伝搬は，その物質の誘電率によって定められることになる．誘電率 ε は

$$\varepsilon = \varepsilon_0 (1 + \chi) \tag{6-20}$$

と表すことができる．ここで，ε_0 は真空誘電率，χ は**電気感受率** (electric susceptibility) と呼ばれる量であり，光に対する物質の性質を表す．1-1-2 項で示した絶対屈折率を電気感受率で示すと

$$n_0 = \sqrt{1+\chi} \tag{6-21}$$

になる．物質中の電子や原子は，レーザ光の強い電界によって負の電荷をもつものと正の電荷をもつものにそれぞれ反対方向に引き離される．この現象を**分極** (electric polarization) という．物質に生じた分極の密度 P と印加された電界の大きさ E との関係は

$$P = \varepsilon_0 \chi E \tag{6-22}$$

である．分極の密度 P が電界の大きさ E に比例するとき，つまり，物質に入射されるレーザ光が弱い場合は，電気感受率 χ は E に依存しないので，物質はレーザ光に対して線形に応答する．電気感受率は，E が大きくなると定数として扱うことができない．電気感受率 χ を E の大きさに依存する量として規定し，式 (6-19) を参考にして示すと

$$\chi = \chi^{(1)} + \chi^{(2)} E + \chi^{(3)} E^2 + \chi^{(4)} E^3 + \cdots \tag{6-23}$$

との表現が可能である．ここで，$\chi^{(1)}$ は定数としての電気感受率であり，式 (6-21) のとおり，屈折率を与えることになる．$\chi^{(2)}$ は反転対称性を有する結晶などにおいて得られ，$\chi^{(3)}$ は任意の物質に存在している．先のキャパシタの例と同様に，$\chi^{(2)}$，$\chi^{(3)}$ などは E が極端に大きくならない限り効いてこない小さな量である．いずれにしても，E が極端に大きくなると，分極が非線形に生じる．

特定の物質に強いレーザ光を入射すると，出射光には入射光に比例しない成分が非線形の分極によって含まれる．入射したレーザの周波数の 2 倍（波長 1/2），3 倍（波長 1/3）といった高調波成分が重なるのである．複屈折性を示す結晶などを用いて，入射レーザ光と高調波の位相を一致させるようにすると，コヒーレンスに優れた高調波を得ることができる．Nd:YAG レーザでは強誘電体の非線形結晶を用いて，2〜5 倍の高調波発生に成功している．Nd:YAG レーザの発振波長は $1.064\,\mu\mathrm{m}$ であるので，波長で 2〜5 倍の高調波を表現すると 0.532, 0.355, 0.266, $0.213\,\mu\mathrm{m}$ である．非線形光学効果を利用して，1 台のレーザ装置で近赤外から紫外領域までのレーザ光が得られる．

高調波変換を効率的に行うには，レーザのピークパワーが十分に大きいことが要求される．したがって，高調波変換技術はおもにパルスレーザに導入されている．

6-2-9 チャープパルス増幅

チャープパルス増幅（frequency-chirped pulse amplification）は，フェムト秒レーザのようなピークパワーの高いレーザを増幅するための技術であり，前項と同様に，固体媒質における非線形光学効果を利用している．

フェムト秒パルスなど，パルス幅の短いレーザの強度を増幅器などによって増大させていくと，ピークパワーが巨大になり，増幅媒質の中で式 (6-23) に示したような非線形光学効果が生じる．この場合の非線形光学効果は，電気感受率の変化によって，媒質の屈折率の大きさがレーザの電界の強さ（強度）に依存する現象である．レーザ光の電界の強さを $E(t)$ とすると，屈折率は

$$n = n_0 + n_2 |E(t)|^2 \tag{6-24}$$

と示すことができる．ここで n_0 は電界が存在しないときの屈折率（線形屈折率），n_2 は**非線形屈折率**（nonlinear refractive index）である．この現象は電界の 2 乗に比例する変化であり，6-1-1 項で述べたカー効果に起因している．n_2 の値はきわめて小さく，光電界強度が相当に大きい場合に効いてくる量である．媒質中の屈折率はピークパワーの増大に伴い時間的に変化するため，レーザ光の位相が時間的に変化し，レーザ光の**自己収束**（self focusing）が生じて光学素子を破壊したり，集光性能が低下したりするなどの現象が生じる．ピコ秒，フェムト秒などの超短パルスレーザは，非線形光学効果のため，高出力化に制限が生じる．

この問題を解決するために考え出されたのがチャープパルス増幅法である．チャープパルス増幅法は，超短パルスのレーザ光を一旦長パルス化し，非線形効果を抑制した状態で増幅した後，パルス圧縮して高出力の超短パルスレーザ光を得る技術である．フェムト秒レーザ光のような超短パルス光は，波の不確定

性により，広いスペクトルを有する．フェムト秒レーザ光を非平行に配置した回折格子対などに入射すると，光がもつスペクトルによって光の進行方向が変わるため，同一の空間面に到達する時間がスペクトルごとにずれることになり，パルス幅が広がる．広がったパルスの周波数（波長）は時間的に変化しており，このようなパルスのことを**周波数チャープパルス**（frequency chirped pulse）という．周波数チャープパルスは，パルス幅が長いため，高出力増幅時における自己収束発生などの問題を回避することができる．増幅されたチャープパルスを低周波数（長波長）成分が遅く伝搬する回折格子対などに再び入射することによって，すべての周波数成分が同一時刻に重なるようにすると，高エネルギーの超短パルスレーザ光，つまり極端に高いピークパワー（高いものでは TW）をもつレーザ光が得られる．近年，高出力のフェムト秒レーザが市販されているが，そのほとんどにチャープパルス増幅法が採用されている．

演 習 問 題

1. 共振器長 1.0 m の Nd:YAG レーザに音響光学素子を用いてモード同期を実行したい．音響光学素子に対する変調周波数を求めよ．

2. 屈折率の大きさが 1.45 の石英ガラス板に垂直にレーザ光を入射した．石英ガラス表面の反射率（フレネル反射率）を求めよ．

3. Fig. 6-13 において，$a = 0.5$ m の距離にある物体が像転送される距離 b を示せ．ただし，$f_1 = 1$ m，$f_2 = 1.5$ m とする．

4. 飽和光強度が $3\,\mathrm{W/cm^2}$ の物質に $12\,\mathrm{W/cm^2}$ のレーザ光を入射した．吸収係数は光を入射しないときに比べて，何倍になるか示せ．

第7章

レーザの応用

1960年のレーザ発明以来，いくつかの技術的なブレークスルーを経て，レーザ光はさまざまな分野で応用されるに至った．われわれの生活に身近なところでは，バーコードリーダ，CD，DVDの作成・再生，インターネットなど，光通信・光記録の分野への寄与が著しい．産業応用としては，レーザ切断・溶接を代表とするレーザ加工，光計測などでレーザは活躍している．医療分野への寄与も歯科，眼科領域において顕著である．また，レーザは，分光学などの基礎科学分野，レーザ冷却，レーザアブレーション，レーザCVDなどを通じての材料科学分野，レーザ核融合などのエネルギー開発分野の発展においても重要な役割を担っている．

レーザ応用はレーザの基本的な性質を巧妙に利用することによって成立している．すなわち，3-2節で述べたレーザ光の指向性，単色性，可干渉性を利用することになる．この章ではレーザ応用の代表例についての概要を示していく．

7-1 光ディスクによる情報の再生・記録

CDまたはDVDなどの**光ディスク**（optical disk）がもつ情報再生の原理を**Fig. 7-1**に示す．光ディスクの情報再生および記録においてはレーザ光の集光性能が重要であり，レーザ光のもつ指向性と単色性が利用されることになる．レーザの種類としては，可視から近赤外領域で発振する半導体レーザが用いられる．

光ディスクの情報再生においては，レーザ光をCDあるいはDVDの記録面に照射し，ピットからの反射光の強弱を検出する．ピットの大きさ，密度，分

7-2 レーザ計測

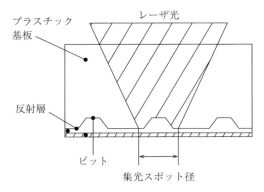

Fig. 7-1 光ディスクの情報再生原理

布がCDあるいはDVDが有している情報となり，ピットの有無で0と1の符号系列に変換することによって情報処理を行う．ピット径が小さくなると記録密度も大きくなるが，この場合の再生にはレーザ光の集光性能が要求されることになる．式(4-6)に示したように，レーザの集光径の大きさは波長に比例するので，短波長レーザの使用が有利となる．近年，ブルーレイディスクを用いた情報の再生が主流になりつつあるが，これは従来の近赤外線で発振する長波長レーザに代わり，短波長の青色レーザを用いてレーザの集光性能を向上させ，画像・映像の高品質化を実現しているものである．情報の記録においては，レーザ光を強度変調してパルス状とし，記録面に照射することによってピットを形成させ情報を書き込む．

7-2 レーザ計測

レーザを用いた各種計測は，レーザの発明以来，最も早く普及した分野であり，レーザの指向性，可干渉性を利用する技術の二つに大別することができる．

7-2-1 指向性の利用

建築・土木分野における測量では，レーザの指向性を利用して水平性を確保

するレベル計などにレーザが用いられている。また，移動する対象物にレーザを照射し，反射光の位置変化から対象物の変位量を測定するレーザ変位計が開発されている。

Fig. 7-2 にレーザ変位計の原理図を示す。一般的なレーザ変位計は三角測量法による位置測定をレーザ光で実現させている。Fig. 7-2 において，一方の観測点 A にレーザ装置を置き，被測定点 O に対してレーザを照射する。他方の観測点にはレンズを置き，被測定点 O の実像 O′ を形成させると，被測定点 O は O′ の位置情報に変換される。O′ の位置を半導体位置検出素子などによって測定することで，変位の評価が可能となる。レーザ変位計は，対象物の厚み測定などの用途に，さまざまな分野において用いられている。

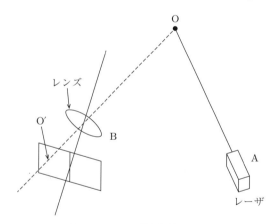

Fig. 7-2 レーザ変位計の原理図

バーコード（bar code）の読み取りにもレーザの指向性が活用されている。バーコード読み取りの原理は単純である。バーコードにレーザ光を照射し，反射してきたレーザ光の強さを測ることで情報の読み取りが実現されている。バーコードの黒い部分からの反射光が白い部分よりも弱いことを利用している。実際のバーコードリーダではレーザ光がさまざまな箇所から走査されており，読み取りエラーが少なくなる工夫がなされている。

7-2-2　可干渉性の利用

　可干渉性を利用した計測技術の代表的なものは干渉計である。**Fig. 7-3** にマイケルソン干渉計の光学配置図を示す。ハーフミラー（50％反射・透過するミラー）により二つに分けられたレーザ光を再び重ね合わせることによって干渉させ，明暗の干渉縞を発生させる。この状態から光路に測定対象物を挿入すると，干渉縞の変化から対象物の屈折率や波長オーダでの歪み・変位などを評価することができる。また，光路中の密度分布，圧力，温度などの変化も干渉縞の移動量で定量測定が可能となる。非接触測定のため，被測定試料に影響を与えないのも魅力の一つとなっている。

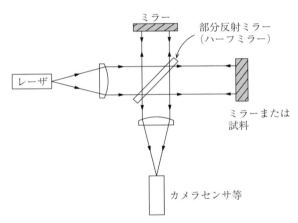

Fig. 7-3　マイケルソン干渉計

　レーザの可干渉性は**ホログラフィ**(holography)にも利用されている。**Fig. 7-4** にホログラフィの原理図を示す。ホログラフィとは，被写体にコヒーレンスに優れたレーザ光を照射し，散乱したレーザ光と被写体に照射していないレーザ光（参照光）を干渉させ，生じた干渉縞を感光媒体に記録させる技術のことをいう。被写体の三次元情報が散乱光として干渉縞の形で感光媒体に記録されるのである。感光媒体のことを**ホログラム**（hologram）と呼ぶ。

148   7. レーザの応用

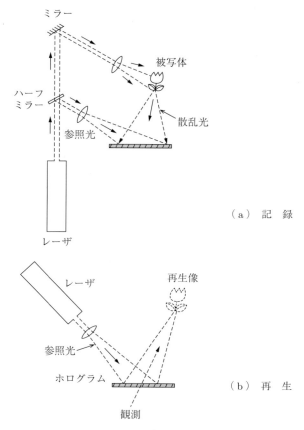

Fig. 7-4 ホログラフィ（ホログラムの記録・再生）

　ホログラムに参照光を照射すると，被写体が三次元で浮かび上がる。レーザ光で記録されたホログラムはレーザ光で再生することができる。参照光はホログラムに記録された干渉縞によって回折を受けるが，回折光はホログラムを記録したときの散乱光と等価な光となっている。つまり，回折光は，被写体の情報をすべて含んでいる。その結果，ホログラムの再生では被写体が三次元で浮かび上がり，あたかも実物がそこにあるように見える。

7–3 光 通 信

光通信が実用化されたのは1970年代に確立された低損失光ファイバの製作技術開発によるところが大きい。加えて，レーザの高性能化，特に半導体レーザの高性能化が1980年代に進むにつれ，光通信は日常的な方法として用いられるに至った。

光通信ではデジタル化されたデータ（1と0の組合せで表現されているデータ）をレーザ光の「点滅」にそのまま置き換え，そのレーザ光を伝送することによって情報を伝える。**Fig. 7-5** に光通信の基本構成を示す。

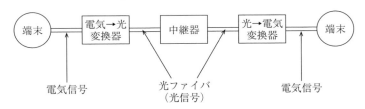

Fig. 7-5 光通信の基本構成

情報の送り手側端末から発信されたデジタル電気信号は，電気 → 光変換器でレーザ光の点滅に変換され，光ファイバを通じて受け手側に送信される。受け手側では，光 → 電気変換器によって，光の点滅が電気信号に変換される。パソコンなどの端末でデジタル信号を取り出すという仕組みで光通信は成立している。

7–3–1 伝 送 損 失

長距離の光通信を行うには，レーザ強度の光ファイバ内での減衰を避けるため，光ファイバの**伝送損失**（propagation loss）を極力低下させる必要がある。伝送損失 γ_L は以下の式で表現可能である。

$$\gamma_\mathrm{L} = \frac{10 \log \left(\dfrac{P_\mathrm{o}}{P_\mathrm{i}} \right)}{L} \tag{7-1}$$

ここで，P_i および P_o はそれぞれ光ファイバへの入力，出力パワー，L は光ファイバの長さである．光ファイバの長さの単位を〔km〕として，伝送損失は一般に〔dB/km〕の単位で表現されている．

光通信用の光ファイバのコアは石英ガラスを主とした材料からなり，伝送損失は **Fig. 7-6** に示すような波長依存性をもつ．伝送損失は波長 1.5 μm 付近を最小として，それより短波長側はレイリー散乱（1-1-7 項参照），長波長側は SiO_2 の赤外吸収に起因した損失が大きくなる．伝送損失を最小とするため，1.5 μm 近傍で発振するレーザが光通信では一般に使用される．この場合の伝送損失は 0.2 dB/km 程度となり，一般のガラスなどの 100 dB/km 程度に比べてきわめて小さい．

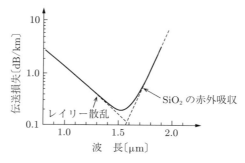

Fig. 7-6 石英系光ファイバにおける伝送損失の波長依存性

大陸間をまたぐような数千 km を越える長距離通信では，低損失光ファイバの使用においても，レーザ強度の減衰を避けることができない．長距離通信の場合は光ファイバ増幅器を適所に導入する対応が行われている．光ファイバ増幅器は，希土類元素の Er をコアにドープした光ファイバで構成され，誘導放出によって元のレーザ光の性質を失わず，光強度のみを増加させることができる．

7-3-2 高速・大容量光通信

インターネットを流れる情報の量は年々拡大の一途をたどっている．1 本の光ファイバに複数の信号を伝送する**多重化**（multiplexing）技術の導入によって，既設の光ファイバ伝送路を増設することなく，信号の伝送量を増加させる

ことができる。

多重化方式には時分割方式と波長分割方式がある。時分割多重化方式は複数の信号を時間的に圧縮して一つの信号に変換し，1本の光ファイバで順に伝送させる技術である。波長分割多重化方式は複数の信号を電気–光変換の際に複数の波長の信号に割り当て，さらに波長合成器によって多重化し，1本の光ファイバで伝送させていく技術である。

その他，**コヒーレント光通信**（coherent optical communication）と称される周波数，位相変調技術，ならびに信号処理技術の飛躍的な向上により，現状，100 Gb/s 級の光通信が実現している。

7-4 照 明

LED が，近年，照明用光源として重宝されているのは承知のとおりである。レーザは指向性，単色性に優れるため一般照明への利用には不向きであり，演出用などの特殊用途においておもに利用されてきた。しかしながら，レーザは LED に比べて本質的に高輝度な光源であり，レーザ光を集光した点に**蛍光体**（fluorescent material）を置き，単色光から白色光への変換を行うことによって，小型で高輝度な照明光源として用いることができる（**Fig. 7-7**）。

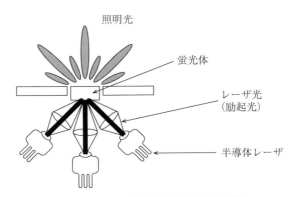

Fig. 7-7 レーザ光で励起された蛍光体

152   7. レーザの応用

　レーザ照明の分野においては，レーザを車のヘッドライトとして応用するための研究が盛んに行われている。レーザ照明では必要な明るさを得るための光源の面積が小さくてすむため，光学系が小型となり，軽量，さらにはデザイン性に優れた製品開発が可能となる。光ファイバ伝送技術との融合等，レーザ照明分野の今後の発展が期待できる。

7-5 レーザ加工

　レーザ光の粒子としての性質を利用した応用の代表例は**レーザ加工**（laser processing）である。レーザ光と各種物質との相互作用を利用して，物質にさまざまな変化を生じさせることができる。ここでいうレーザ加工とは，レーザによる金属，プラスチックなどの各種物質の切断，穴あけ，溶接，表面改質などを指している。また，レーザ医療も広義にはレーザ加工の一分野と考えることができる。レーザ加工は非接触・無反力であり，対象物を高精度に加工することができる。さらに加工のパラメータが多種多様であり，システム化，自動化にも対応しやすいといった利点がある。

　幼少の頃に太陽光をレンズで集光して紙を燃やした経験を有する諸氏は多いはずである（**Fig. 7-8**）。レーザ加工の原理はこれと同様である。ここでは，ま

Fig. 7-8 レーザ加工の原理

ずレーザ加工の基本的な考え方について述べていく．

7-5-1 レーザ加工の基本的な考え方

　レーザ加工を効果的に行うには，加工対象となる物質がレーザ光を強く吸収する必要がある．つまり，式 (3-20) で示した吸収係数 α が大きいほうがレーザ加工においては有利となる．物質の吸収係数は，一般に，波長によって大きさが異なる．したがって，レーザ加工では，加工対象が決まれば，加工に望ましい波長で発振するレーザ装置を検討することになる．

　ここで可視光域における色と波長の関係について考えてみる．われわれは，普段，何気なく「物の色」を認識している．バナナの表面は黄色，みかんは橙色，りんごは赤などのように．物の色の認識は，屋内では蛍光灯，屋外では太陽光のような白色照明下において可能となる．赤色の照明下ではバナナの黄色は認識できないし，照明がなければ物自体を認識できない．物の色がはっきり認識できるのは，物が白色光のもつ色成分のうち，見えている色以外の光を吸収していることによる．言い換えれば，見えている色の光を反射していると考えることができる．

　物質が吸収する波長の色と，吸収されずに反射される色に対して，人間が視覚的に感ずる色のことを**補色**（complementary color）という．補色は，よく知られた**色相環**（color circle）では正反対に位置する関係の色の組合せで表されている．例えば，赤と青緑，黄色と青紫などである．補色の関係から考えると，赤く見える物体は，白色照明下において，青緑の光を強く吸収していることになる．

　Fig. 7-9 に血液の吸収スペクトルを示す．図においては波長 0.45 μm, 0.51 μm 辺りの吸収が大きく，逆に波長 0.62 μm 辺りの吸収が小さいことがわかる．吸収が比較的大きい波長帯は青緑，あるいは緑の色を示す可視光域となっている．一方で，吸収の小さい 0.62 μm 辺りの波長帯は赤色の可視光域である．結果として，血液は赤く見えている．Fig. 7-9 は，赤色の物体を加工するには，その補色関係にある吸収の大きい青緑の光を用いるのが効果的であることを示して

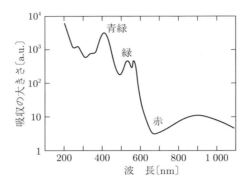

Fig. 7-9 血液の吸収スペクトル

いる。

Fig. 7-10 には水の吸収スペクトルを示している。可視光域の吸収が小さいのは水の透明性を示していることになるが、水は赤外域において水分子の振動に起因した強い吸収を有している。水は、赤外域では透明ではなく、吸収物質として作用するわけである。水を効率的に「加工」するためには、波長 $2\,\mu m$ 以上の赤外光を照射すべきであることがわかる。

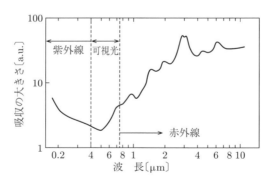

Fig. 7-10 水の吸収スペクトル

吸収されたレーザ光のエネルギーは非放射遷移によって熱に変換され、物体に作用する。したがって、レーザ加工は「熱加工」と位置づけることができる。レーザの特長である指向性（集光性）を活かすと、局所的に物体に熱を与える

ことが可能となる．レーザ加工では，通常，CW レーザが用いられることが多いが，入熱の制御や適度な冷却時間を導入したい場合はパルスレーザも用いられる．

7-5-2 レーザ熱加工

前項では液体における光吸収を例として示したが，実際のレーザ加工は固体に対して行われることが多い．Fig. 1-24 に示したように，レーザ光が固体物質に吸収されるとその固体を構成する原子が励起され，電子がエネルギー準位間を遷移する．レーザ照射によって，まずは原子系にエネルギーが与えられるのである．吸収されないレーザ光は表面反射，あるいは散乱で損失となる．励起された電子が非放射遷移で下準位に落ちると，そのエネルギーは固体中の格子振動を励起する．こうして原子系から固体にエネルギーが移乗される．格子振動のエネルギーは熱として固体中を伝わり，固体の表面温度を上昇させる．

熱は固体物質に固有の**熱放射率**（thermal emissivity）に従って放射されるので物質表面の温度は下がるが，放射されない残りは物質の**熱拡散率**（thermal diffusivity）に従って内部へと伝わり，物質内部の温度を上昇させる．到達温度は，熱放射によって失われるエネルギーとレーザ照射によって与えられるエネルギーのバランスによって決定される．これが物質の融点を超えると溶融が生じ，穴あけ，切断などの加工につながる．レーザ光による入熱を止めたり，表面をガスなどで冷却したりすれば凝固が起き，溶接となる．到達温度が融点以下であれば物質を熱処理（金属であれば焼入れ，焼きなましなど）することになる．

いずれのレーザ加工においても，到達温度を決めるのは，4-2-4 項で述べたレーザのパワー密度（エネルギー密度）である．また，レーザを照射する時間，パルスレーザであればパルス幅など，望ましい加工を達成するためのパラメータは多種多様である．

代表的な金属材料のレーザ加工について例を挙げて考えてみる．**Fig. 7-11** に，銅，鉄，金，アルミニウムの可視から近赤外域における吸収スペクトルを

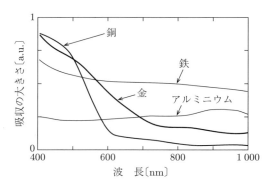

Fig. 7-11 銅,鉄,金,アルミニウムの吸収スペクトル

示す.この4種の金属の中でわれわれが「明確に」色を感じるのは銅および金である.吸収スペクトルを見ると,銅は青緑の可視光領域において強い吸収をもち,赤の領域での吸収は小さくなっている.これがわれわれには銅が赤く見える所以である.鉄およびアルミニウムに関しては,可視光域で特異な吸収帯が存在しない.白色もしくは銀色との表現が可能であろう.

いま,銅板に対するレーザ加工について考えてみる.銅の吸収スペクトルに着目すると,先に述べたように,青緑色の吸収が大きく,その近傍の発振波長をもつレーザを利用・照射すべきであることがわかる.穴あけ・切断加工なのか溶接なのかなど,目的によってレーザパワーを変えていくことになる.

このように,レーザ加工では,レーザ光の基本的性質を理解した上で,材料と加工形態に応じたレーザを選択することが重要となる.レーザ加工には多種多様のパラメータがあり,要求される加工の質に対して,それらは精密に制御可能である.パラメータの代表例は,レーザ側ではレーザパワー(エネルギー),パルス幅,集光径,集光ビームの形状(ビームプロファイル),パワー密度,レーザを照射する時間,走査速度,繰返し速度などが挙げられる.材料側のパラメータとしては,材料の光吸収係数,熱伝導率,融点,沸点,表面形状・状態などである.

7-5-3 レーザアブレーション

　固体物質に強力なパルスレーザを照射した際，固体を構成する元素がさまざまな形態で爆発的に放出され，物質表面がつぎつぎと除去される現象が生じる。これを**レーザアブレーション**（laser ablation）と呼んでいる。レーザアブレーションには，プラズマ発生，衝撃波の発生，原子，分子，それらがイオン化した荷電粒子，クラスタなど，さまざまな形態の粒子放出，光放出が伴う。レーザアブレーションは，ピークパワーがおおむね $10^8\,\mathrm{W/cm^2}$ を超えると生じ，パルス幅が ns～fs のパルスレーザの使用において顕著にみられる現象である。

　レーザアブレーションによる物質のエッチング深さ d は，次式によって与えられる。

$$d = \frac{1}{\alpha}\ln\left(\frac{F}{F_\mathrm{th}}\right) \tag{7-2}$$

ここで，α は照射するレーザ波長に対する物質の吸収係数，F は照射レーザフルエンス，F_th はアブレーションを生ずるしきい値のレーザフルエンスである。レーザアブレーションの利用方法は，固体物質より放出される粒子を利用した薄膜形成などの材料創製と，粒子放出によって生じるエッチングを利用した穴あけ・切断などの加工応用に大別できる。加工応用においては，炭素繊維強化プラスチック（CFRP）のような難加工剤に対してレーザアブレーションが適用できることもあり，近年，精力的に研究が進められている。レーザ加工は熱加工であるがために物質表面に熱損傷を引き起こすが，同じ熱加工でもレーザアブレーションでは加工物質に対する熱損傷層を極力抑え込むことができる。特に融点の低いプラスチック材料などでは，残存する熱損傷層が応用において問題になる場合があり，レーザアブレーションは有効である。

　物質表面の熱損傷層を極力抑え込む条件設定での熱加工を非熱的加工と呼んでいる。非熱的加工が生じる条件は，レーザ光の物質への**浸入長**（permeation depth）と**熱拡散距離**（thermal diffusion length）との兼ね合いで決まる。浸入長は吸収係数 α の逆数として評価され

$$\delta = \frac{1}{\alpha} \tag{7-3}$$

である。熱拡散距離 L_{TD} は熱拡散係数を K_{TD} として

$$L_{\mathrm{TD}} \approx \sqrt{K_{\mathrm{TD}} \cdot \tau_{\mathrm{p}}} \tag{7-4}$$

と示される。ここで，τ_{p} はレーザのパルス幅である。また，熱拡散係数は

$$K_{\mathrm{TD}} = \frac{k_{\mathrm{T}}}{\rho C_{\mathrm{p}}} \tag{7-5}$$

で表される。ここで，k_{T} は熱伝導率，ρ は密度，C_{p} は熱容量である。式 (7-4) の熱拡散距離が式 (7-3) で示したレーザ光の浸入長と同程度の大きさとなれば，レーザ照射された部分のみが高温状態となり，熱拡散に起因した熱損傷層の発生を抑制することができる。

非熱的加工では紫外線で発振する比較的短波長のパルスレーザが用いられることが多い。プラスチックなど，有機物を含む物質は紫外域において極端に大きな吸収帯をもつ。大きな吸収は，式 (7-3) より，物質へのレーザ光の浸入長が短いことを意味している。レーザ光の浸入長が短いと物質の表面のみが極端に瞬時に加熱され，吹き飛ばされるなどして，熱損傷層が残存しにくいのである。また，紫外線など，短波長の光は光子エネルギーが大きいので，物質の化学結合エネルギーに直接作用して，原子・分子を熱の効果以外のメカニズムで分解することができる。この**光化学的効果**（photochemical effect）も，詳細は割愛するが，レーザアブレーションの発生に寄与している。

さらに，式 (7-4) はレーザのパルス幅が短い場合に熱拡散距離が小さくなることを示しており，非熱的加工の実現にはパルス幅の短いレーザの使用が有効であることがわかる。先の浸入長との関係にもよるが，ピコ秒以下のパルス幅のレーザにおいては高い確率で非熱的加工が可能である。また，近年進展著しいフェムト秒レーザにおいては，レーザの照射される時間がきわめて短いため，熱が拡散する以前にレーザ照射が終了してしまうので，浸入と拡散の議論自体が成立せず，非熱的加工となる。フェムト秒レーザは単位時間当りのパワー，つまりピークパワーがきわめて大きく，物質の自由電子に直接作用して原子・分子を蒸発させることも可能で，レーザ加工の中でも特異な加工特性をもつ。

7–6 レーザ核融合

　太陽が放出する膨大なエネルギーは太陽内部での核融合反応によるものである。核融合を地上で実現させ，将来のエネルギー源を確保する研究が世界中で盛んに行われている。

　地上で行われる核融合で最も実現しやすいのは，水素の同位体である重水素，三重水素を燃料とする反応である。典型的な重水素，三重水素の核融合反応式は

$$^{3}_{1}\mathrm{H} + {}^{2}_{1}\mathrm{H} \ \rightarrow \ {}^{4}_{2}\mathrm{He} + {}^{1}_{0}\mathrm{n} \tag{7-6}$$

である。ここで，n は中性子を示している。

　重水素と三重水素の核融合では，ヘリウムと中性子を発生させ，質量欠損に起因して発生するエネルギーを利用することになる。重水素は水中に 1/5 000 程度含まれ，地球表面の水量は十分にある（10^{20} リットル程度）ので，燃料が枯渇することはない。地上での核融合実現は人類にとって無限のエネルギー源の確保につながる。

　レーザ核融合（laser fusion）は**慣性閉じ込め核融合**（inertial confinement fusion）の一方策として位置づけられる。**Fig. 7–12** にレーザ核融合の原理図を示す。レーザ核融合を実現させるためのレーザは「巨大」であり，出力エネルギーで MJ 級，パルス幅は ns 程度，ピークパワーは PW（10^{15} W）級となる。燃料を詰めた球形のペレットに四方八方から一様にレーザを集光照射するとペレット表面が瞬時にプラズマ化し，レーザアブレーションが生じる。レーザアブレーションでは，ペレットを構成する材料の元素がさまざまな形態で爆発的にペレット外側に放出されるが，その反作用により，ペレット球の中心方向へ伝搬する圧縮波が発生する。この圧縮波が十分に大きく，燃料の圧縮が進めば，ペレットがつぶれて高密度コアが生成される。コアが 10^{8} K を超える超高温状態となれば，コア中の重水素，三重水素の速度が大きくなり，原子核のクーロン反発作用が克服されて核融合反応が生じる。これら一連のプロセスを**爆縮**

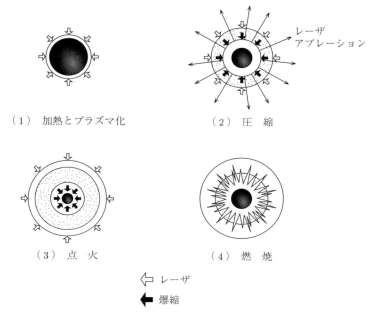

Fig. 7-12 レーザ核融合の原理

(implosion) と呼んでいる。

　現状,核融合の持続反応には成功してはいない。商業利用のためには超高出力・高繰返しレーザの開発など,さまざまな課題がある。

演 習 問 題

1. 光ファイバの伝送損失が $0.2\,\mathrm{dB/km}$ であったとき,入力パワー P_i および出力パワー P_o の比, $P_\mathrm{o}/P_\mathrm{i}$ が 0.8 になる光ファイバ長を求めよ。また,光ファイバ長が $100\,\mathrm{km}$ であったときの $P_\mathrm{o}/P_\mathrm{i}$ の大きさを求めよ。

2. マッハ・ツェンダー干渉計 (Mach-Zehnder interferometer) について調べ, Fig. 7-3 に示したマイケルソン干渉計と比較し,特徴を述べよ。

3. アブレーションしきい値 F_{th} が $0.1\,\mathrm{J/cm^2}$ の物質がある。この物質に $5\,\mathrm{J/cm^2}$ のレーザフルエンスでレーザを照射したところ，アブレーションにより $15\,\mathrm{\mu m}$ のエッチング深さを得ることができた。物質の吸収係数の大きさを $\mathrm{cm^{-1}}$ の単位で求めよ。

4. 熱拡散係数 K_{TD} が $1.0\,\mathrm{cm^2/s}$ の物質がある。この物質をパルス幅 $100\,\mathrm{ps}$ のパルスレーザで非熱的加工したい。非熱的加工が実現可能となる物質の吸収係数の大きさを示せ。

5. レーザ核融合におけるローソン条件について調べよ。

引用・参考文献

1) 霜田光一:レーザ物理入門,岩波書店(1983)
2) Amnon Yariv, Pochi Yeh(多田邦雄,神谷武志 訳):光エレクトロニクス基礎編,丸善(2010)
3) レーザプラットフォーム協議会 編:レーザものづくり入門―基礎から装置導入まで―,産報出版(2010)
4) 大津元一:入門レーザー,裳華房(1997)
5) 黒澤 宏:レーザー基礎の基礎,オプトロニクス社(2006)
6) 清水忠雄 監訳:レーザ入門,森北出版(1992)
7) 井上勝也:現代物理化学序説,培風館(1985)
8) 平井紀光:実用レーザ技術,共立出版(1987)
9) 國丘昭夫,上村喜一:新版半導体工学,朝倉書店(1996)
10) 氏原紀公雄:量子電子工学―レーザの基礎と応用―,コロナ社(1990)
11) 高橋晴雄,谷口 匡 編著:光電子工学の基礎,コロナ社(1988)
12) 櫛田孝司:光物理学,共立出版(1983)
13) 櫛田孝司:光物性物理学,朝倉書店(1991)
14) 末松安晴,伊賀健一:光ファイバ通信入門(改訂4版),オーム社(2006)
15) 山中千代衛 監著:レーザー工学,オーム社(1981)
16) 大竹祐吉:レーザの使い方と留意点,オプトロニクス社(1989)
17) 望月 仁ほか 共訳:レーザの基礎と応用,丸善(1994)
18) 久保宇市:医用レーザー入門,オーム社(1985)

索引

【あ】
アクセプタ準位　44
アクセプタ不純物　44
アラインメント　135

【い】
イオン化エネルギー　29
位相板　137

【え】
エキシマ　98
エキシマレーザ　99
液体レーザ　105
エタロン板　70
エネルギー準位　30
エネルギー準位図　32
エネルギーバンド　41
円偏光　14

【お】
音響光学効果　124

【か】
開口数　112
回折　3
回折角　9
回折限界径　91
ガウスビーム　76
可干渉性　55
拡散電位　46
カー効果　124
可視光　2
価電子帯　41
可飽和吸収　124

干渉　3
干渉縞　10
慣性閉じ込め核融合　159
緩和時間　59

【き】
幾何光学　3
寄生発振　103
気体レーザ　94
基底準位　32
基底状態　30
希土類　99
逆方向電圧　48
吸収　31
吸収係数　66
球面波　8
共振器　68
共振振動数　69
均一広がり　59
禁制帯　41
禁制帯幅　41

【く】
空間コヒーレンス　55
空間コヒーレンス領域　57
空間周波数　135
空間フィルタ　135
空乏層　46
屈折の法則　4
屈折率　5
クラッド　111
繰返し率　86

【け】
蛍光体　151

【こ】
コア　111
光化学的効果　158
光学　3
光学濃度　138
光学部品　5
光子　21
光子エネルギー　21
光線　3
光線行列　133
高調波変換　139
光電効果　21
光電子増倍管　88
光量子仮説　21
黒体　19
黒体放射　19
コヒーレンス時間　56
コヒーレンス長　56
コヒーレント光通信　151
コントラスト　57
コンプトン効果　24
コンプトン散乱　24

【さ】
再結合　43

【し】
時間コヒーレンス　55
色相環　153
色素レーザ　105
指向性　53
自己収束　142
仕事関数　22
自然放出　58

自然放出増幅光	116	【ち】		バーコード	146
自由電子レーザ	116	チャープパルス増幅	142	発光ダイオード	36
周波数チャープパルス	143	直線偏光	13	パッシェン系列	38
充満帯	41	直交ニコル	138	発　振	67
受動的Qスイッチング	125			波　面	8
受動的モード同期	128	【て】		パルス発振動作	83
主発振器出力増幅器方式	102	定在波	69	パルス幅	83
主量子数	28	定常状態	30	バルマー系列	37
準安定準位	60	電気感受率	140	パワー	84
順方向電圧	48	電気光学効果	124	パワー密度	87
焦点距離	132	電　子	22	反射の法則	4
衝突励起	80	電磁波	1	半値全幅	89
浸入長	157	伝送損失	149	反転分布	62
		伝導帯	41	半導体可飽和吸収ミラー	126
【す】				半導体レーザ	81
スネルの法則	6	【と】		半波長電圧	124
スペクトル	19	ドナー準位	43		
		ドナー不純物	43	【ひ】	
【せ】				光共振器	68
正弦波	1	【な】		光散乱	16
正　孔	42	内殻電子	115	光スイッチ	103
制動放射	116	波		光ディスク	144
絶対屈折率	5	——の回折	9	光の二重性	23
遷　移	31	——の干渉	8	ピークパワー	86
遷移確率	59			非線形屈折率	142
遷移金属	99	【ね】		非線形光学効果	139
線スペクトル	19	熱拡散距離	157	非放射遷移	63
全反射	7	熱拡散率	155	ビームウエスト	77
		熱平衡	61	ビームエクスパンダ	134
【た】		熱放射	19		
ダイオード	48	熱放射率	155	【ふ】	
楕円偏光	14			ファイバレーザ	110
多重化	150	【の】		ファブリ・ペロー干渉計	70
縦モード	69	能動的Qスイッチング	125	フェムト秒レーザ	104
多モード	74	能動的モード同期	128	フォトダイオード	88
多モードファイバ	112			負温度	62
単一縦モード	70	【は】		不確定性原理	27
単一モード	74	媒　質	2	物質波	24
単一モード光ファイバ	113	パウリの排他原理	31	部分偏光	16
単一横モード	74	爆　縮	159	ブラケット系列	38
単色性	54	白色光	2	プラズマ	80
		波　源	8	プランク定数	20
				プランクの量子仮説	20

索引　165

フーリエ変換極限パルス	127	ポッケルス効果	124	【よ】	
ブリュースター角	15	ポッケルスセル	103		
フレネル反射	109	ホール	42	横モード	73
分　極	141	ボルツマン分布則	61	【ら】	
分　光	6	ホログラフィ	147		
分　散	6	ホログラム	147	ライマン系列	38
プント系列	38	ポンピング	60	ラマン散乱	18
【へ】		【ま】		ランベルト–ベール則	66
				【り】	
平均寿命	59	マイケルソン干渉計	55		
平均パワー	85	【む】		利　得	65
平行ニコル	139			利得係数	65
平面波	9	無反射コーティング	132	利得飽和	66
偏　光	11	【め】		リュードベリ定数	38
偏光板	16			量　子	20
【ほ】		メーザ	51	量子条件	28
		【も】		量子数	31
ボーア				リレーレンズ系	133
──の振動数条件	31	モード	112	【れ】	
──の量子理論	28	モード同期	121		
ボーア半径	29	モード分散	112	励起準位	32
放射再結合	43	【や】		励起状態	30
放射冷却	19			レイリー散乱	17
放　出	31	ヤングの実験	9	レーザ	50
法　線	5	【ゆ】		レーザアブレーション	157
放電管	36			レーザ核融合	159
放電励起	79	誘導放出	60	レーザ加工	152
飽和光強度	126	誘導放出断面積	64	レーザフルエンス	88
母　材	99			連続スペクトル	19
補　色	153			連続発振動作	83

		n 形半導体	44	Q 値	121
【英字】		ND フィルタ	138	s 偏光	15
Ar^+ レーザ	96	Nd:Glass レーザ	101	TEM 波	74
CO_2 レーザ	97	Nd:YAG レーザ	100	X 線	24
F ナンバー	91	p 形半導体	45	X 線レーザ	114
FBG	113	p 偏光	15		
He-Ne レーザ	95	Q スイッチング	121		

―― 著者略歴 ――

1993年 大阪大学大学院工学研究科博士後期課程修了
　　　　博士（工学）
2010年 近畿大学教授
　　　　現在に至る

専門：レーザ工学

工科系学生のための 光・レーザ工学入門
Introduction to Lasers and Electro-Optics for Engineering Majors

Ⓒ Hitoshi Nakano 2016

2016年10月20日　初版第1刷発行　　　　　　　　　　　　　　　★
2022年12月10日　初版第3刷発行

	著　者	中　野　人　志
検印省略	発 行 者	株式会社　コロナ社
		代 表 者　牛来真也
	印 刷 所	三美印刷株式会社
	製 本 所	有限会社　愛千製本所

112-0011　東京都文京区千石 4-46-10
発 行 所　株式会社　コ　ロ　ナ　社
CORONA PUBLISHING CO., LTD.
Tokyo Japan
振替 00140-8-14844・電話(03)3941-3131(代)
ホームページ　https://www.coronasha.co.jp

ISBN 978-4-339-00889-0　C3054　Printed in Japan　　　（新井）

〈出版者著作権管理機構 委託出版物〉
本書の無断複製は著作権法上での例外を除き禁じられています。複製される場合は，そのつど事前に，
出版者著作権管理機構（電話 03-5244-5088，FAX 03-5244-5089，e-mail: info@jcopy.or.jp）の許諾を
得てください。

本書のコピー，スキャン，デジタル化等の無断複製・転載は著作権法上での例外を除き禁じられています。
購入者以外の第三者による本書の電子データ化および電子書籍化は，いかなる場合も認めていません。
落丁・乱丁はお取替えいたします。

電気・電子系教科書シリーズ

（各巻A5判）

- ■編集委員長　高橋　寛
- ■幹　　　事　湯田幸八
- ■編集委員　　江間　敏・竹下鉄夫・多田泰芳
　　　　　　　　中澤達夫・西山明彦

配本順		書名	著者	頁	本体
1.	(16回)	電気基礎	柴田尚志・皆藤新一 共著	252	3000円
2.	(14回)	電磁気学	多田泰芳・柴田尚志 共著	304	3600円
3.	(21回)	電気回路Ⅰ	柴田尚志 著	248	3000円
4.	(3回)	電気回路Ⅱ	遠藤　勲・鈴木靖編 共著	208	2600円
5.	(29回)	電気・電子計測工学(改訂版)―新SI対応―	吉澤昌純・降吉雄子・福西己之・吉高郎 共著	222	2800円
6.	(8回)	制御工学	下西二鎮 共著	216	2600円
7.	(18回)	ディジタル制御	奥平立幸 共著	202	2500円
8.	(25回)	ロボット工学	白水俊次 著	240	3000円
9.	(1回)	電子工学基礎	中澤達夫・藤原勝幸 共著	174	2200円
10.	(6回)	半導体工学	渡辺英夫 著	160	2000円
11.	(15回)	電気・電子材料	中澤・服部・藤原 共著	208	2500円
12.	(13回)	電子回路	押山・山田・田中健英・須田充弘 共著	238	2800円
13.	(2回)	ディジタル回路	伊吉・若海・室賀・山下博夫 共著	240	2800円
14.	(11回)	情報リテラシー入門		176	2200円
15.	(19回)	C++プログラミング入門	湯田幸八 著	256	2800円
16.	(22回)	マイクロコンピュータ制御プログラミング入門	柚賀正光・千代谷慶 共著	244	3000円
17.	(17回)	計算機システム(改訂版)	春日・舘泉雄幸・健治・充八博 共著	240	2800円
18.	(10回)	アルゴリズムとデータ構造	伊原勉・湯前邦弘 共著	252	3000円
19.	(7回)	電気機器工学	前田谷橋間敏・江甲斐章敏 共著	222	2700円
20.	(31回)	パワーエレクトロニクス(改訂版)	高江間章機 共著	232	2600円
21.	(28回)	電力工学	江間隆夫・甲斐隆章 共著	296	3000円
22.	(30回)	情報理論(改訂版)	三木成英・吉川鉄夫 共著	214	2600円
23.	(26回)	通信工学	竹下豊稔・松宮克久 共著	198	2500円
24.	(24回)	電波工学	松田部正・宮田原史 共著	238	2800円
25.	(23回)	情報通信システム(改訂版)	南岡月夫・桑原唯孝 共著	206	2500円
26.	(20回)	高電圧工学	植松植箕・植田史充 共著	216	2800円

定価は本体価格＋税です。
定価は変更されることがありますのでご了承下さい。

◆図書目録進呈◆

光エレクトロニクス教科書シリーズ

(各巻A5判，欠番は品切です)

コロナ社創立70周年記念出版 〔創立1927年〕
■企画世話人　西原　浩・神谷武志

配本順				頁	本体
1.(8回)	新版 光エレクトロニクス入門	西原　浩 裏　升吾	共著	222	2900円
2.(2回)	光　波　工　学	栖原　敏明	著	254	3200円
3.	光デバイス工学	小山　二三夫	著		
4.(3回)	光通信工学(1)	羽鳥　光俊 青山　友紀 監修 小林　郁太郎 編著		176	2200円
5.(4回)	光通信工学(2)	羽鳥　光俊 青山　友紀 監修 小林　郁太郎 編著		180	2400円
6.(6回)	光情報工学	黒川　隆志 滝沢　國治 徳丸　春樹 渡辺　敏英 編著／共著		226	2900円

フォトニクスシリーズ

(各巻A5判，欠番は品切または未発行です)

■編集委員　伊藤良一・神谷武志・柊元　宏

配本順				頁	本体
1.(7回)	先端材料光物性	青柳　克信他	著	330	4700円
3.(6回)	太　陽　電　池	濱川　圭弘	編著	324	4700円
13.(5回)	光導波路の基礎	岡本　勝就	著	376	5700円

定価は本体価格+税です。
定価は変更されることがありますのでご了承下さい。

図書目録進呈◆